U0267361

为了人与书的相遇

孤独的泡面

食帖番组·主编

广西师范大学出版社
·桂林·

出品人：苏静｜Publisher：Johnny Su
主编：食帖番组｜Chief Editor：WithEating
艺术指导：TEAYA ｜ Graphic Design：TEAYA
运营总监：杨慧｜Operation Director:Satsuki Yang
内容监制：陈晗｜Content Director： Dora Chen
产品经理：张婷婷｜Product Manager：Denise Zhang
内容编辑：张婷婷｜Editor： Denise Zhang
采编助理：白雪薇｜Editorial Assistant：Vera Bai
内容制片：王境晰｜Content Producer：Ivory Wang
后期剪辑：刘佳慧｜Content Cutter：LuLu Liu
平面设计：TEAYA 茶一 VV ｜ Graphic Design：TEAYA CHA VV

日本 01

“JAPAN”

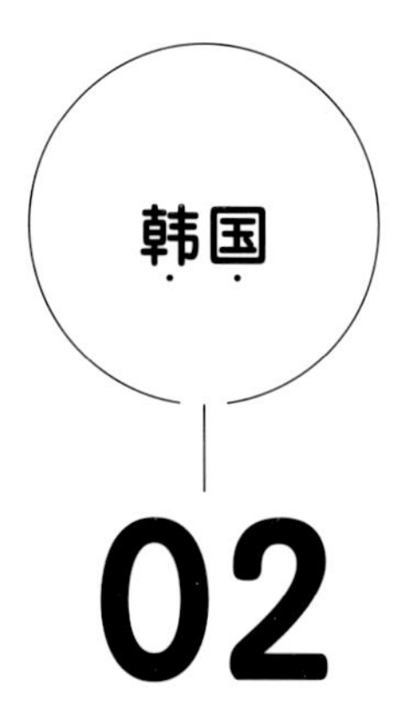

韩国 02 KOREA

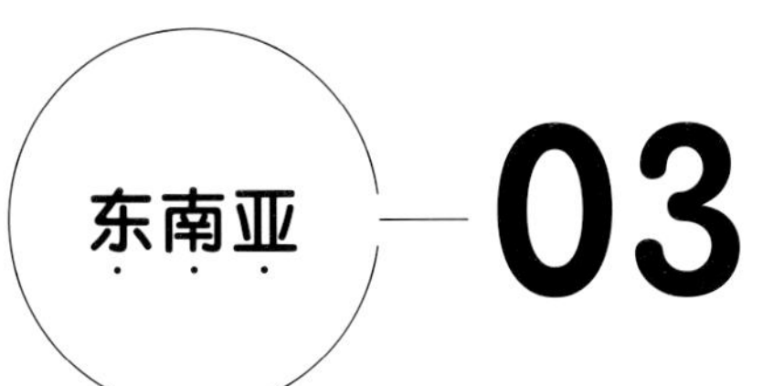

SOUTH EAST ASIA

中国 04

CHINA

使用说明

Instruction Manual

营养成分 × 热量消耗

了解这款面的营养成分配比，以及如何快速、有效地消耗一包速食面带来的热量。

吃优笔记

食帖吃优从泡面的面饼、汤头和料包等方面，对其进行真实评测。

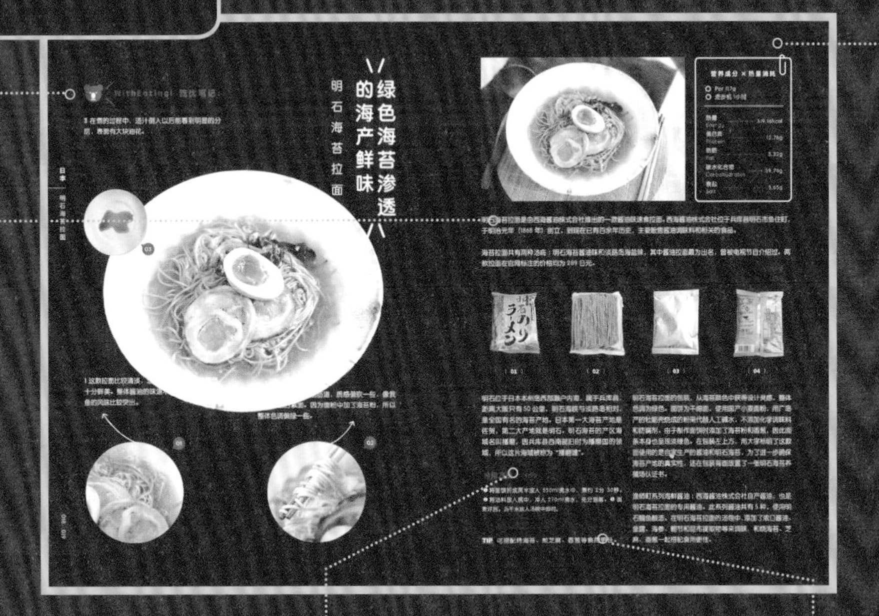

豆知识

关于每款面的知识拓展。在这里，你可以更深入地了解泡面背景知识及地方饮食文化。

TIP

这里有比较“不合群”的知识点补充。

食用方法

除了每款泡面的具体煮制方法，还有泡面包装、面饼及料包的图片展示。

\/青森式混合新味道/\

青森味噌咖喱牛乳拉面

01

02

青森味噌咖喱牛乳拉面，是由位于青森县平川市的高砂食品株式会社推出的一款拉面。青森县（Aomori-ken）位于日本本州岛最北端，与北京处在同一纬度，森林覆盖率近70%，这里是电影《小森林》的拍摄地，有着一种世外桃花源般的安宁与自由。虽然市面上也曾出过同种口味的拉面，但是青森本土产的拉面，得到了全国观光土特产联盟、青森县物产振兴协会的推奖，官网价格为800日元。

WithEating! 吃优笔记：

这是一款获过很多奖的速食面，包装设计得很正式，使用了纸盒包装，分量是两人份，都有独立的包装，半生中华面摸上去偏湿，也比较软，煮开后面条粗而偏硬，呈黄色，吃起来很爽滑，有轻微的面香，感觉很健康。

1 从汤头来说，颜色也是偏黄色，油花偏多，有少许分层，上层为清透的黄色，下层为浓稠的暗黄色，喝起来不是很油腻，能够闻到奶香味和发酵的大豆香，挺特别的。

2 料包仅有一种，分量很重，摸起来很浓稠，可以看到里面有大块的固态油脂。

据说青森市市民都非常喜欢吃中华面，1986 年，拉面店“札幌的味道”在青森市开店，受到了许多青森市民的欢迎。创立人佐藤清曾活跃在青森、札幌两地，致力于将具有青森特色的味道普及出去，如此坚持了 40 年。期间青森一直在研制独有的味噌咖喱拉面，一直到 2008 年 7 月，咖喱牛乳拉面渐渐被更多人知道。如今，拉面店“札幌的味道”已经有 5 家店了，分别是札幌馆店、大西店、浅利店、藏店和 Kawara 店。

为了让更多的人知道，“札幌的味道”还召集了一些热爱拉面的小伙伴，创立了“青森味噌咖喱牛乳拉面普及协会”，致力于普及青森拉面的味道。

青森味噌咖喱牛乳拉面的包装与其他泡面不同，一般的泡面使用简单的塑料袋包装，但这款面则使用了非常正式的纸盒包装。包装盒简单介绍了拉面的历史和文化，并印制上 5 家店的地址和信息，方便吃完这款面就想去本店一探究竟的人们。

由于这款面使用的是半生中华面，保质期非常短，摸上去也比较软。汤包中以青森特制味噌为底料，添加了咖喱、牛奶和黄油。味噌的浓烈、咖喱的刺激辛香和牛奶的浓厚醇滑混合在一碗汤中，看起来很混搭，却是意料之外的新味道。

半生中华面：起源于日本，已有多年的生产历史。半生面介于鲜面和挂面之间，含水量一般控制在 22% — 26% 之间。

食用方法 ◇◇◇◇

❶ 面饼放入沸水中煮约 3 分钟。❷ 汤包放入碗中，冲入 350ml 沸水充分溶解。❸ 面条煮好后，沥干水分，放入汤碗中即可。

(01) (02) (03) (04) (05)

TIP 可根据喜好放入少许牛奶、10g黄油调味，笋干、豆芽、裙带菜、叉烧等作为配菜。

蛋黄酱才是拌面的灵魂！

日式酱料炒面

营养成分 × 热量消耗

- Per 160g
- 打手球1小时

热量 Energy	573kcal
蛋白质 Protein	13g
脂肪 Fat	19.8g
碳水化合物 Carbohydrates	85.6g

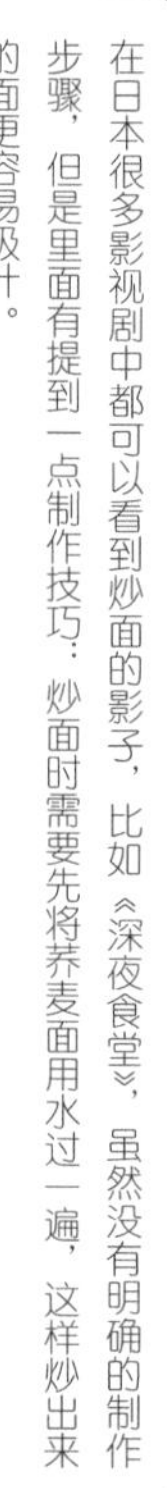

在日本很多影视剧中都可以看到炒面的影子，比如《深夜食堂》，虽然没有明确的制作步骤，但是里面有提到一点制作技巧：炒面时需要先将荞麦面用水过一遍，这样炒出来的面更容易吸汁。

正宗的日式炒面一般都会放入青海苔，青海苔是日本料理中常用到的海苔品种，尤以四万十川产的青海苔最为有名。一般青海苔干粉会用于日式炒面、日式炒乌冬、章鱼小丸子、御好烧、味噌汤等。

01

WithEating! 吃优笔记

1 面饼属于油炸型，闻起来油香很重。面条偏细，看起来好像很有弹性，但其实吃到嘴里感觉偏软一些，酱汁很容易被吸收到面中。另外这款面最好直接用水泡，冲入沸水，只需要几分钟就能泡出满满一大碗，因此它的分量其实很大的，一个人吃绝对管饱。

2 酱料一共有三包，分量非常足，奶味、甜味和咸味集中在一起竟然不会觉得违和，如果搭配红姜丝来吃的话，会非常解腻。

这款酱油炒面是由日本东洋水产推出的一款速食炒面。碗面在日本的竞争非常激烈，新产品层出不穷，旧产品面临着被淘汰，由此也引发了碗面生产商们想出各种方式及新奇点子应对市场，东洋水产作为其中最为活跃的品牌，曾经推出一系列的应对方案，比如让消费者参与产品的研发，以带动销量。

这款酱油炒面的感觉和一平炒面很像，从面饼的味道到用料的搭配，两者几乎一样，但是要说区别的话，这款炒面用到的酱料包感觉更稀一些，酱油的成分可能偏多，酱料包装的设计相较一平来说更普通一些。这款面还有一个特色，就是它的分量很足，比一平炒面的量要多近 30g——小半包面的分量。

传统与西方碰撞创新味

岩国莲根面

WithEating！吃优笔记：

1 这款面的面饼很有特色，因为在面粉中添加了藕粉，面条属于宽面，吃起来口感很筋道，能够闻到一点藕的清香，味道比较清甜。另外，这款面还把日式拉面中常用的碱水改为了贝壳粉。

（01）　（02）　（03）

2 这款面只有一个酱料包，但是比较有特色的是，酱料采用的是西式做法，使用了鸡蛋、奶酪、奶油、黄油等，整个层次比较丰富，口感也不错，其中奶酪的味道浓郁。唯一不好的是，我认为它应该添加一个藕粉包。

岩国莲根面是由日本池本食品推出的一款非常有特色的拉面，其中莲根就是我们平常说的莲藕。池本食品成立于昭和 35 年，是岩国市的老字号。它坐落在日本山口县最东部的岩国市，这里是日本莲藕的五大产地之一。

岩国莲根面共有四种，分别是卡尔博纳拉（Carbonara，意大利地名）芝士酱拌面、酱油豚骨面、莲根乌冬面和出汁酱油面，拌面价格较贵，为 451 日元，其余单包售价 290 日元。

岩国莲根色白肉厚，相比其他莲藕口感略软一些，食物纤维丰富。其他产地出产的莲藕多为八孔，但岩国莲根有九孔。

这款面的包装正面由绿、白、红三种颜色的条纹印刷而成，是意大利国旗的颜色。中间的背景图案用藕色，线绘了一个古老的锦带桥。这座桥是日本三大名桥之一，也是岩国市重要的标志性建筑。锦带桥是一座横跨锦川的五拱木桥，采用组合式的建造技法，不用一根钉子，既是名桥，也是奇桥。在这座桥下流过的锦川，生长着岩国市的代表土特产莲藕，莲根面正是由此而来。

这款岩国莲根面还设计有卡通形象——莲子桑，她是一位头戴帽子、身着和服的可爱女性形象，发饰是一片莲藕，腰间系有一个围裙，上面书写了一个大大的“莲”字，配色也是使用绿、白、红三色。

这款面的面饼是一款创新面饼，它使用了九州产的小麦粉，并在面饼中添加了藕粉，使得面饼有荞麦面的颜色。出于为对荞麦过敏的人考虑，这款面没有添加荞麦粉。另外，还把一般拉面使用的碱水，替换为广岛产蛤蜊壳烧成的钙粉来制面。酱包是意式做法，采用卡尔博纳拉芝士酱料的制作方法，含有鸡蛋、奶酪、奶油、黄油、香蒜等调味料，具有浓郁奶香味。

食用方法 ◇◇◇◇

❶ 面饼中倒入适量开水，焖盖约 3 分钟。❷ 料包倒入碗中，将面汤冲入其中，拌匀成鲜汤。❸ 将炸酱拌入沥干水的面中，即成炸酱面。

墨鱼汁和墨鱼肝的奇妙食用

北海黑拉面

这款北海黑拉面是由日本南川制面株式会社推出的一款地方性速食拉面，主打味噌口味。在浓厚的味噌汤底中，加入了风味十足的北海道产的墨鱼汁和墨鱼肝，除了汤底颜色的变化，还使其口感层次也多了，汤体口感顺滑，不黏稠，面条光滑有嚼劲，两者搭配十分适合。

WithEating！吃优笔记：

这款面属于非油炸碱水面，面条依旧是比较常见的日式拉面的感觉，煮出来根根分明，偏硬型，所以吃起来很有嚼劲，和日式拉面店里的拉面比较像。

1 汤汁呈黑色，煮的时候出现了很多浮沫，煮完后质地浓稠，有比较重的海鲜味，油花几乎没有，所以喝起来不会腻。

2 料包呈黑白相间的颜色，摸起来比较浓厚。

3 这款面的设计使用通体黑色，为了凸显墨鱼汁的特色，背面仅有常规的速食面文字信息，无特别之处。另面饼中使用了 60% 北海道产的小麦粉和 100% 的鄂霍次克海盐。

营养成分 × 热量消耗

- Per 163g
- 快走 1小时

热量 Energy		512.7kcal
蛋白质 Protein		19.4g
脂肪 Fat		14.3g
碳水化合物 Carbohydrates		76.6g
食盐 Salt		8g

北海道是日本最北边的一个行政区，南部隔津轻海峡和本州相望，北部隔宗谷海峡和库页岛相对，西面则是日本海，东面是鄂霍次克海、千岛群岛和太平洋，除部分沿海地区属西岸海洋性气候和温带湿润气候，大部分区域都是副寒带湿润气候。这里的人口密度较低，拥有日本 1/4 的农地，成为日本重要的粮食供给地。同时北海道保留了很多未经人工干预的自然环境，成为旅游业发达的一个重要原因。

由于北海道是寒暖流交汇处，所以成为日本有名的渔场。这里的渔业开始于江户时期的鲱鱼捕捞业，按照水产种类的不同，主要分为日本海地区、鄂霍次克海地区、太平洋东部地区和太平洋西部地区。墨鱼是北海道的名产，尤其鄂霍次克海周边更是产量大区，因为这里的海域水温很低，海洋生物需要脂肪保暖，所以这里的水产都会非常肥美。在北海道地区，墨鱼的使用率很高，墨鱼肝在中国比较少见，但是日本料理中比较常用到墨鱼肝做成的酱，类似于鹅肝酱，一般会同豆腐搭配食用。墨鱼肝的口感很特别，用于提鲜非常棒。另外，以墨鱼作为风味食材的食物还有很多，比如北之雪糕屋，这里有使用墨鱼制作而成的冰激凌，算是比较猎奇的一款食物了。

墨鱼汁即是墨鱼的胆汁，是营养价值非常高的黑色食品。在国外的利用率比较高，比如作为面食的汤底，或者是作为面包的酱汁等。在中国的话，利用率相对比较低，但是沿海地区还是有墨鱼汁做的食物，比如青岛包饺子时，一般会在面中加入墨鱼汁，做成很有特色的墨鱼汁饺子。

墨鱼：又叫“花枝”、“乌贼”，遇到敌人则会以喷墨的形式逃离。

食用方法 ◇◇◇◇

❶ 面饼放入沸水中煮约 2分钟，沥干水分备用。
❷ 料包倒入碗中，冲入 300-350ml沸水，拌匀后，放入面条即可。

明石海苔拉面

绿色海苔渗透的海产鲜味

WithEating! 吃优笔记：

3 在煮的过程中，汤汁倒入以后能看到明显的分层，表面有大块油花。

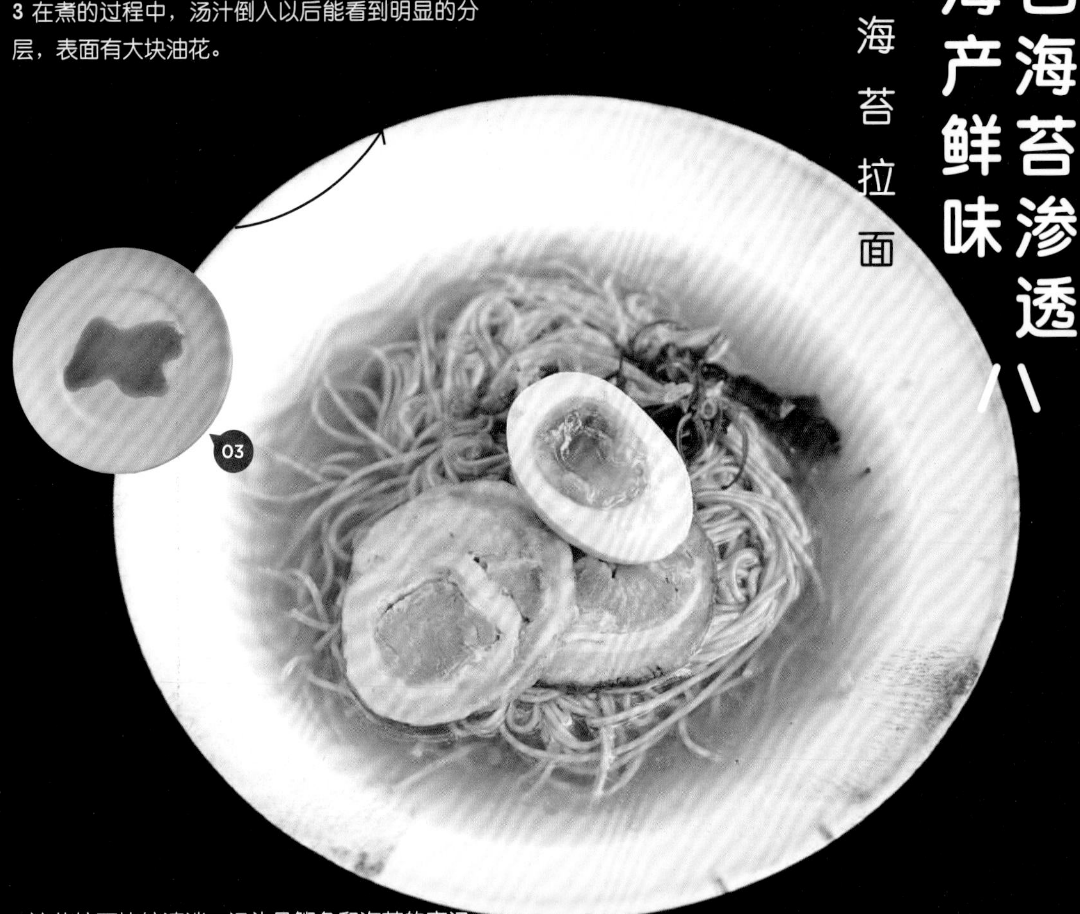

1 这款拉面比较清淡，汤头是鲣鱼和海苔的高汤，十分鲜美。整体酱油的味道不是特别浓郁，但鲣鱼的风味比较突出。

2 面条本身不是特别筋道，质感偏软一些，像我们平常吃的素面。因为面粉中加了海苔粉，所以整体色调偏绿一些。

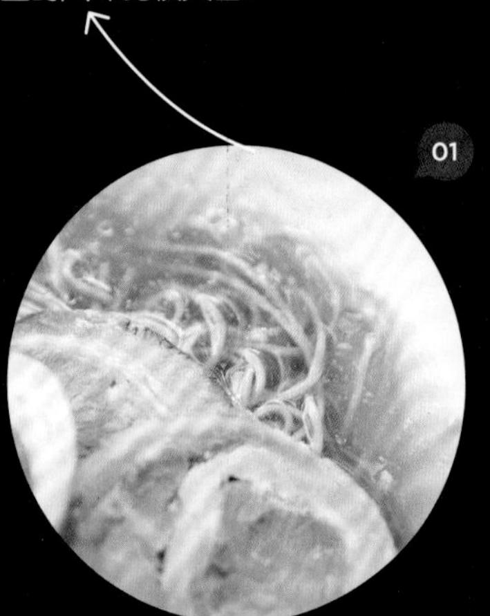

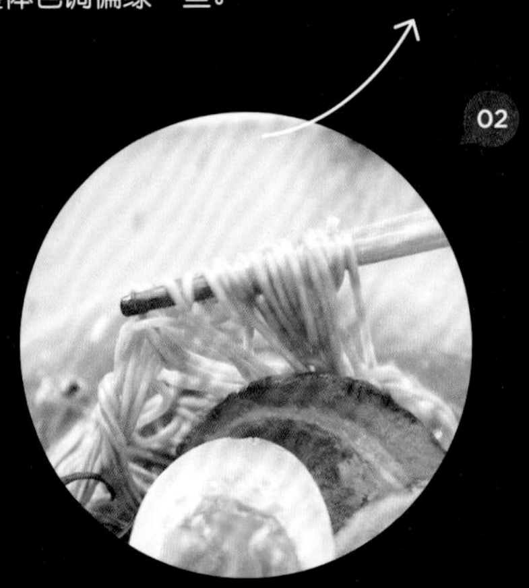

营养成分 × 热量消耗

- Per 117g
- 走步机 1小时

热量 Energy	319.16kcal
蛋白质 Protein	12.76g
脂肪 Fat	3.32g
碳水化合物 Carbohydrates	59.78g
食盐 Salt	5.65g

明石海苔拉面是由西海酱油株式会社推出的一款酱油味速食拉面。西海酱油株式会社位于兵库县明石市鱼住町，于明治元年（1868 年）创立，到现在已有百余年历史，主要贩售酱油调味料和相关的食品。

海苔拉面共有两种汤底：明石海苔酱油味和淡路岛海盐味，其中酱油拉面最为出名，曾被电视节目介绍过。两款拉面在官网标注的价格均为 289 日元。

（ 01 ）

（ 02 ）

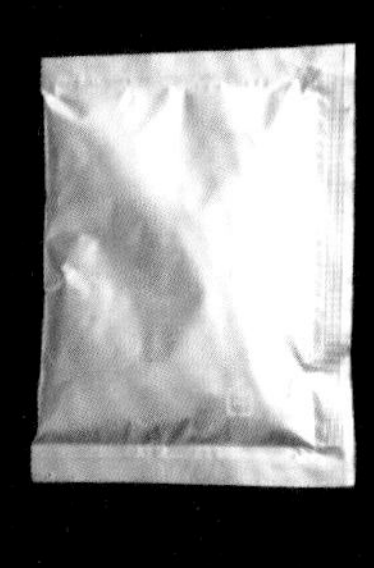

（ 03 ）

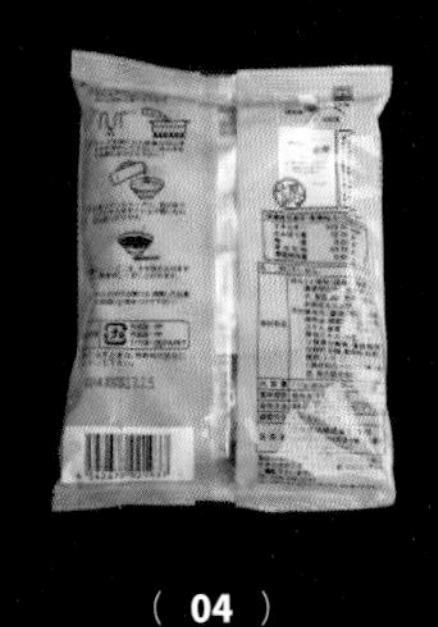

（ 04 ）

明石位于日本本州岛西部濑户内海，属于兵库县，距离大阪只有 50 公里，明石海峡与淡路岛相对，是全国有名的海苔产地。日本第一大海苔产地是佐贺，第二大产地就是明石。明石海苔的产区海域名叫播磨，因兵库县西南部旧时为播磨国的领域，所以这片海域被称为“播磨滩”。

食用方法

❶ 将面饼折成两半放入 550ml沸水中，煮约 2分 30秒。❷ 将汤料放入碗中，冲入 270ml沸水，充分溶解。❸ 面煮好后，沥干水放入汤碗中即可。

TIP 可搭配烤海苔、煎芝麻、香葱等食用更佳。

明石海苔拉面的包装，从海苔颜色中获得设计灵感，整体色调为绿色。面饼为干细面，使用国产小麦面粉，用广岛产的牡蛎壳烧成的粉来代替人工碱水，不添加化学调味料和防腐剂。由于制作面饼时添加了海苔粉和香葱，因此面条本身也呈现淡绿色。在包装左上方，用大字标明了这款面使用的是自家生产的酱油和明石海苔，为了进一步确保海苔产地的真实性，还在包装背面放置了一张明石海苔养殖场认证书。

渔师町系列海鲜酱油：西海酱油株式会社自产酱油，也是明石海苔拉面的专用酱油。此系列酱油共有 5 种，使用明石鲷鱼酿造。在明石海苔拉面的汤包中，添加了浓口酱油、鱼露、海参、鲣节和昆布提取物等来调味，和烧海苔、芝麻、香葱一起搭配食用更佳。

全球化的拉面

评判屋中华拉面

营养成分 × 热量消耗

- Per 87g
- 打网球1小时

热量 Energy	393kcal
蛋白质 Protein	8.6g
脂肪 Fat	16.3g
碳水化合物 Carbohydrates	53g

评判屋中华拉面是由明星株式会社（隶属日清）推出的一款速食拉面，明星株式会社成立于1950年，1952年制作出了日本第一架用于制面的移动式自动干燥装置，1960年推出明星牌调味拉面，至今已经生产了20多款速食拉面。

WithEating！ 吃优笔记：

总的来说并没有那么惊艳，作为上过世界十大美味泡面榜单的牌子，吃起来感觉很普通。

1 面条偏软，煮的时间长了容易烂掉，所以最好直接用热水冲泡。

2 从它的料包来说，只有一个粉色的粉包，过于单调了，而且也没有尝到什么特别的地方。

3 从它的汤头来说，汤汁薄而清澈，微微有点油花，能够喝出鸡汤的味道，感觉还是蛮健康的，总体来说没有什么负担。

日本最早关于“中华面”的记载是明朝遗臣朱舜水流亡到日本后，用面条来款待日本江户时代的大名——水户藩藩主德川光国（亦为朱舜水弟子）。明治时代早期，拉面流行于横滨中华街，1900 年，多有来自中国上海和广东的人在日本售卖切面，配以简单汤底和调料，之后昭和年间，拉面开始流行于全日本，最初日本称拉面为“支那そば”或“南京そば”，“二战”之后，因为廉价的美国面粉和从中国战场返日的士兵，使得中国风味的拉面盛行一时，也因当时日本政府禁止使用任何含有“支那”的词汇，故后来将拉面称为“中华そば”。

そば：即日本使用荞麦制作的荞麦面条。
南京そば：并非指南京面，日本使用中国城市命名，是为强调它是中国产。

评判屋中华拉面分多种口味，其中盐味拉面曾经获得过世界十大美味拉面第 6 名。

02

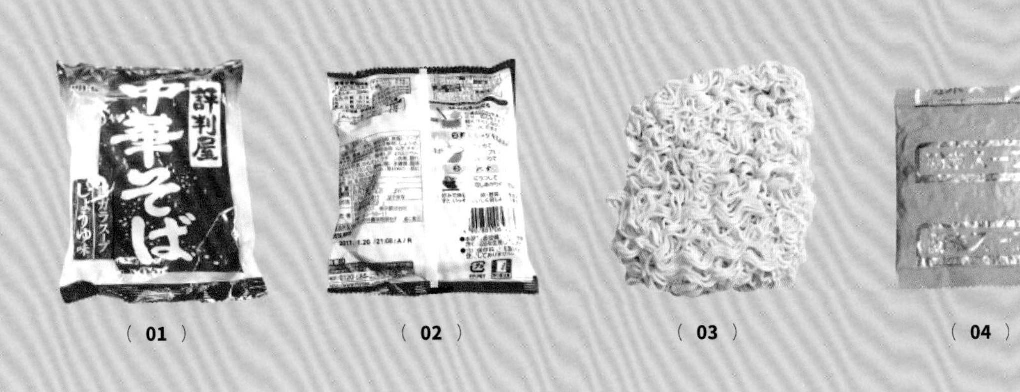

（ 01 ） （ 02 ） （ 03 ） （ 04 ）

这款面是以鸡骨熬制的高汤为底，面饼属于油炸型，汤底中含有酱油、大葱、鸡肉萃取物，用于调味的则含有猪肉、蛋、维他命 B1、维他命 B2 等成分。

面饼中使用的小麦主要产自澳洲、美国、日本和加拿大；棕榈油则产自马来西亚、印尼和泰国；猪肉、鸡肉提取物，主要来源于美国和日本；大蒜、姜、葱来自中国；胡椒来自印尼和马来西亚；姜黄来自印度；最终的制作则是在日本完成。

食用方法 ◇◇◇◇

❶ 将面饼放人 450ml沸水中，轻轻搅拌，煮约 3分钟，最后放入料包，立即关火即可。❷ 可依据个人喜好，搭配叉烧、青菜等食用。

＞四代目海鲜店的努力＜

有明海弹涂鱼拉面

WithEating! 吃优笔记：

1 面条使用了当地产的小麦，吃起来很顺滑，属于细卷毛面，偏向于速食面，非常好煮。

2 汤头清澈少油，虽然是酱油拉面，但是吃起来并不会太咸，酱油的味道被很好地激发了出来。虽然之前没有吃过弹涂鱼，但是在这碗汤里也能尝到鱼的味道。

3 只有一个粉包，自己吃面的时候要多加一些食材。

营养成分 × 热量消耗

- Per 87g
- 打网球 1小时

热量 Energy	407kcal
蛋白质 Protein	8.8g
脂肪 Fat	17.3g
碳水化合物 Carbohydrates	53.5g
食盐 Salt	5.6g

有明海弹涂鱼拉面是由夜明茶屋推出的一款酱油味速食拉面，夜明茶屋创立于明治23年（1890年），是福冈县柳川市有名的四代目鲜鱼店。创始人平野Kiyo为了给出海的渔民祈求平安和丰收，会特别招待渔民茶水等，因此当地人便以『夜明茶屋』来称呼平野Kiyo的店铺，目前该店由四代目金子英典先生继承，除了贩售新鲜海产，还开发了与之有关的其他商品，为的是推广有明海的饮食文化，复兴这里的渔业经济。有明海弹涂鱼拉面在当地人气很高，被渔民亲切称为『真正属于自己的拉面』。

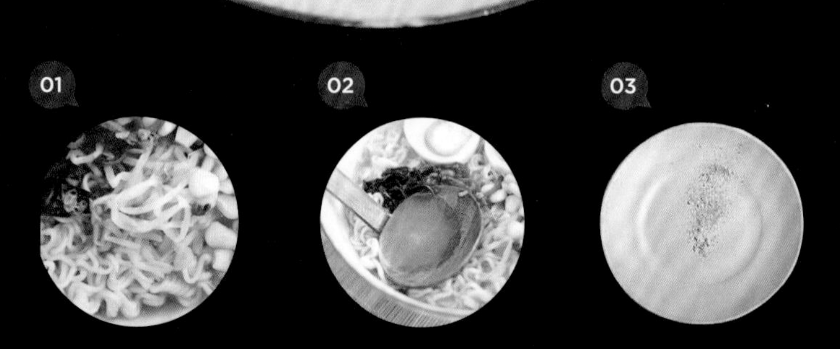

有明海弹涂鱼拉面的汤头中，加入了因为湿度关系只能在秋天进行自然晒干后烘焙研磨的弹涂鱼粉，面条则使用了福冈盛产的拉面专门小麦，蒸熟后再使用日本产的猪油油炸。

有明海临靠福冈的“水乡”柳川，是九州最大的海湾，被称为“宝藏之海”，此海湾涨退潮的落差极大，当地渔民利用这个自然条件进行海苔养殖。另外在落潮的时候，会有大量湿地露出，由此栖息了很多独特的海洋生物，其中弹涂鱼是最受当地人喜欢的水产。

柳川是九州著名的旅游景点，百年前曾建有大量护城河，保存至今，市内有大量运河，游客可乘船游览。

弹涂鱼：又名“跳跳鱼”、“泥猴”，一种进化程度较低的古老鱼类，用鳃和湿润的皮肤呼吸，鳃周边长有小口，可以盛住水分，所以在涨潮的时候能够呆在水域之外，落潮后则呆在湿地泥潭中。弹涂鱼肉质鲜嫩，富含蛋白质和脂肪，日本人称之为“海上人参”。在有明海，弹涂鱼只在 4-9 月份的潮间带出现。

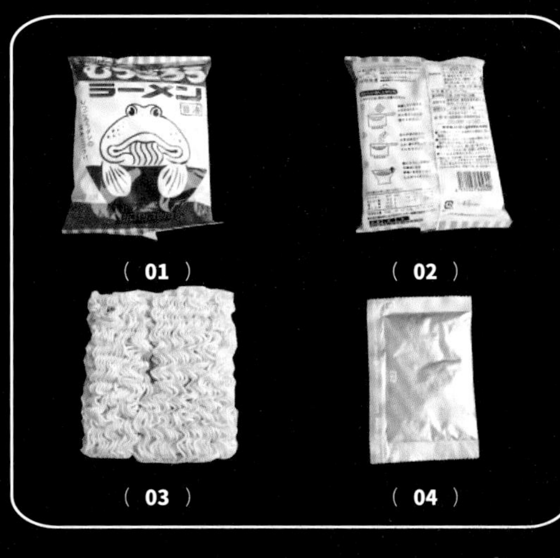

(01)　(02)

(03)　(04)

食用方法

将面饼放入450ml沸水中煮约3分钟，离火后，倒入料包拌匀即可

＞猪骨汤底的柚子香＜

爱 媛 柚 子 盐 拉 面

WithEating! 吃优笔记：

1 这款拉面属于细直面，看上去非常健康，软硬程度适中，吃起来蛮有嚼劲的，虽然属于细面，但是煮完之后不会软塌。

2 是两人份的量，但是吃的时候恰好适合一人食。料包呈黄色，略有浑浊感，闻上去有很重的柚子清香，第一感觉非常清爽，其中有些许凝固油脂，丰富了汤底的口感，不至于过于单薄。

营养成分 × 热量消耗

- Per 208g
- 快跑 1小时 + 读书 1小时

热量 Energy	730kcal
蛋白质 Protein	24.2g
脂肪 Fat	6.4g
碳水化合物 Carbohydrates	144.4g
食盐 Salt	7.8g

3 爱媛柚子盐拉面是由日本中野食品公司推出的一款地方性特色拉面，包装以黄色作为主色调，设计简单，文字信息较少，主打“淡口味、盐味、细面的柚子拉面”，汤料中含有酱油、食盐、动物油脂、砂糖、猪肉和鸡肉提取物、味淋、柚子果汁等。

(**01**)

(**02**)

(**03**)

(**04**)

爱媛县位于日本四国的西部，北临濑户内海，西临宇和海，海上的岛屿有200多座，海岸线长度占四国岛的一半。这里气候温暖，加上坡地较多，雨水较少，所以农副业发展得特别好，“伊予柑”和“爱媛蜜桔”在日本很有名，这里也是日本柑橘类量产最多的县。

柚子盐在日本料理中的使用频率比较高，比如天妇罗、沙拉、茶泡饭、寿司等。柚子清爽，具有很多功效，用在食物中可以丰富食物的口感，即使很油腻的食物，闻到柚子味，也会觉得清爽不少。日本家家户户还会用柚子和香橙果汁做柚子醋，和柚子盐一个道理，平时会用到各种家常食物中，比起普通调味料，加了柚子成分的蘸料会更加爽口。

日本的柚子跟我们所理解的柚子不一样，日文为“ユズ”，读作“Yuzu”，籽多肉少，果皮具有浓厚的柚子香气，所以一般不会直接食用，而是添加在食物中起调味作用。

爱媛柚子盐拉面从面饼、调料到汤头都十分讲究，里面附带的汤料，是用小火慢慢熬煮猪骨、鸡骨、鲣鱼干等，再佐以食盐和柚子果汁调味。

一碗成功的盐味拉面，汤汁要有透明感，表面漂浮着薄而金黄的油脂。用时间换来的美味，在价格上也比一般速食面要高很多。

中日拉面集大成的一碗

久留米紫菜豚骨汤面

1 这款面总体来说没有什么特色，汤底呈现白浊色，猪油的味道很重，喝起来也比较咸。

2 面条属于细直面，吃起来很爽滑，也很有嚼劲儿。

3 从它的料包来说，一共有两包，一个酱包，一个猪油包，料包全部加入的话，吃到最后很容易腻。

生面：日式拉面中常出现的说法，传统日式拉面都是以干面为主，干面口感较硬，嚼劲儿好，生面则是后来发展起来的，生面本身含水较多，面条味道沁入地比较深。

久留米紫菜豚骨汤面是由日本 Marutai 株式会社推出的一款速食拉面，Marutai 创立于昭和 35 年（1960 年），拥有积累了半个多世纪的速食拉面制作经验，目前推出的九州系列拉面共有 8 种：久留米特色拉面、长崎酱油拉面、佐贺牛盐拉面、鹿儿岛豚骨拉面、熊本黑麻油豚骨拉面、博多酱油拉面、宫崎鸡盐拉面、大分鸡骨酱油味浓汤拉面，这一系列拉面使用的都是非油炸非蒸熟的健康制法，面条本身呈现出和生面接近的筋道爽直的感觉。

食用方法 ◇◇◇◇

将面饼放入500ml沸水中煮约3分钟，关火后倒入料包，拌匀即可。

这款拉面的汤底中加入了生姜、洋葱、酱油等，中和了猪骨汤底本身的腻感，汤头的味道浓郁又富有层次，具有地道的久留米拉面风味。

久留米位于日本九州北部、福冈县的西南部，是一座工业化的城市，1980年同我国合肥市结为友好城市，1992年同我国上海市结为交流城市。

久留米拉面创业者宫本时男先生，曾经经营过一家做广式料理的中华面店，对横滨中华街的中国拉面和长崎杂烩面的汤料进行过深入研究，所以正宗的久留米豚骨拉面中也能尝到中式拉面的味道。

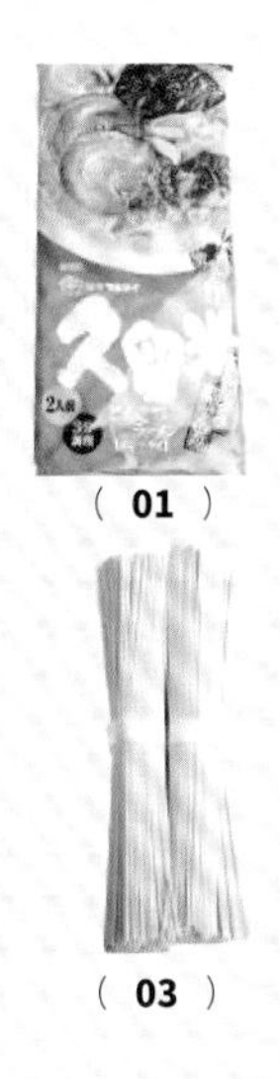

(01)

(03)

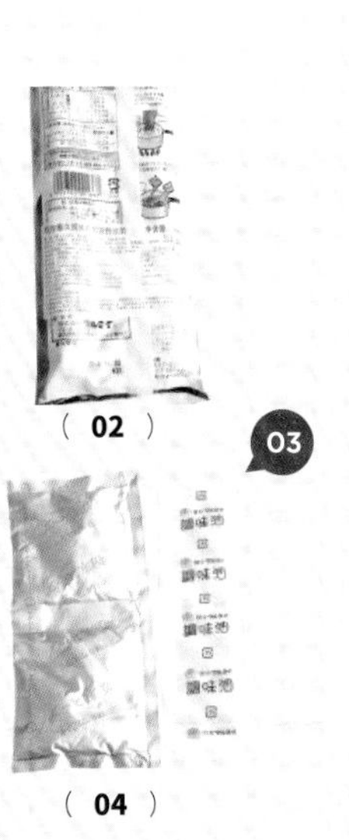

(02)

03

(04)

营养成分 × 热量消耗

- Per 194g（两人份）
- 快跑1小时＋午休1小时

热量 Energy	742kcal
蛋白质 Protein	13.6g
脂肪 Fat	9.6g
碳水化合物 Carbohydrates	57.5g

拉面中的螃蟹文化

北海道毛蟹拉面

3 仅有一包料包，但是分量很重，一打开能够闻到很重的酒精味和海腥味。

1 这款拉面依旧主打北海道风味，从它的面饼来说，就是一般日式拉面的感觉，不是很软，不太容易吸汁，吃起来有一点碱水面的口感。

2 汤头不是太咸，比较浓稠，因为有比较重的"啤酒味"，所以喝起来不是很好喝，可能是其中的味噌在作怪吧。

北海道毛蟹拉面是由日本南川制面有限公司推出的一款北海道风味的速食拉面，北海道拉面是以札幌拉面的味噌口味为首，北海道毛蟹拉面系列一共有两种口味，一种味噌味，一种酱油味。测评的这款是毛蟹味噌口味的。

面条使用了北海道产小麦粉（60%），还加入了北海道产的鄂霍次克海盐和毛蟹粉末，汤料中也加入了毛蟹提取物。

营养成分 × 热量消耗

- Per 145g
- 打网球 1小时

热量 Energy	383kcal
蛋白质 Protein	15.6g
脂肪 Fat	5g
碳水化合物 Carbohydrates	68.9g
食盐 Salt	6.7g

北海道的蟹之于日本，相当于长江流域的“大闸蟹”之于中国。北海道是日本的螃蟹王国，由于日本北海道、俄罗斯之间的鄂霍次克海域的海水几乎没有任何污染，所以这里的海鲜特别入味。

日本蟹的种类非常繁多。日本三大名蟹包括：山阴县、鸟取县的松叶蟹和北海道的帝王蟹、毛蟹。北海道近海盛产的“毛蟹”，大的有一斤半，浑身长毛长刺，但是吃起来有些麻烦。毛蟹的肉质饱满而鲜嫩，蟹身虽小但蟹味鲜甜，独有的浓郁蟹膏更为老饕垂涎。北海道最知名的还属帝王蟹，帝王蟹素有“蟹中之王”的美称，蟹身硕大肥美，主要产在阿拉斯加附近的深海海域，且全部都是野生的，个头相当大，一只普通的就有十多斤重。

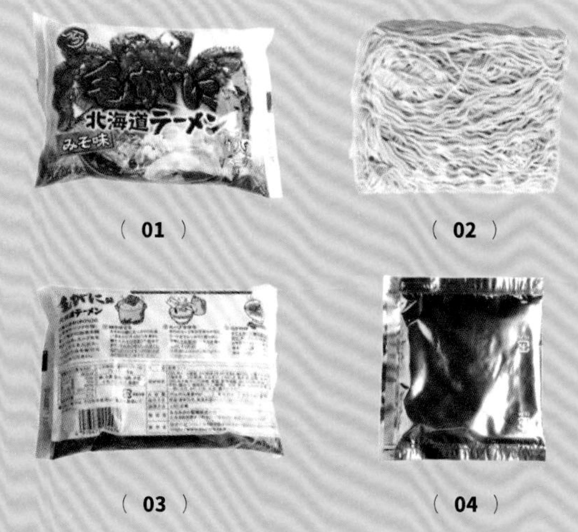

（01）（02）（03）（04）

食用方法

❶ 面条放入1000ml沸水中煮约3分钟，期间不断搅拌，继续煮2分钟，沥干水后备用。❷ 将料包放入碗中，加入300ml沸水溶解，放入面条拌匀即可。建议搭配笋干、葱花、小米椒食用更佳。

＞三年熟成味噌的使用＜

北 海 道 味 噌 拉 面

营养成分 × 热量消耗

- Per 200g
- 快走 1小时

热量 Energy	501.1kcal
蛋白质 Protein	20.2g
脂肪 Fat	11.1g
碳水化合物 Carbohydrates	80.1g
食盐 Salt	9.2g

WithEating! 吃优笔记：

01

1 从面的软硬程度来说，比一般的油炸面饼要硬一些，即便煮出来也不会软塌，根根分明，面条使用了非常好的小麦粉制作而成。

2 从汤头来说，有浓浓的日式家常味，使用了三年熟成味噌，感觉很健康，但是喝起来太咸了。

02

03

3 从料包来说，是分量很重的一包酱料，里面有很多健康成分，本身也是黏稠质地，打开之后能够看到大块的白色猪油，溶解在汤里之后有点像酱汤，味噌的味道很浓郁，类似于豆瓣酱的感觉。

北海道味噌拉面是日本南川制面有限公司推出的一款速食拉面，不同于一般的速食面，这款拉面的面条是用100%北海道原产的小麦粉制作而成，同时加入蛋白、鄂霍次克盐、小麦蛋白、碱水、酒精、海水制卤水等。汤底则使用了三年熟成味噌、猪肉提取物、酱油、洋葱、大蒜等，味道浓郁且丰富。

北海道是日本主要的农牧业基地，小麦产量居全国首位，此地积雪时间长，适合冬小麦生长，虽然降雨量较少，但是小麦收获期主要集中在降雨期，所以也就弱化了这个缺点。北海道小麦蛋白质含量高，春小麦适合做面包，冬小麦则多用来做面类。

面条属于干燥拉面，水分含量较少，所以吃起来口感会比较偏硬，有嚼劲。日本拉面的食盐含量一般很高，这是因为日式拉面一般都会搭配米饭食用，所以味道上会偏咸一些。

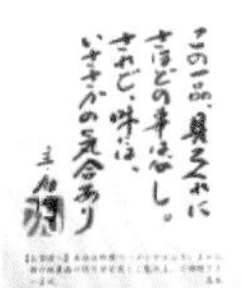

食用方法 ◇◇◇◇

❶ 面饼放入沸水中，煮约5分钟，期间不断搅拌。
❷ 料包放入300ml沸水中，拌匀后做成汤底。
❸ 面煮好后，沥干放入汤底即可。

1 小麦蛋白：俗称“面筋”。

2 碱水：日语为“かんすい”，又被音译为“甘素”。是碳酸钾和碳酸钠的混合物（有时也会加入磷酸），曾有人发现，使用碱性湖水面条口感更好，碱水会使面粉中的谷蛋白粘胶质产生性质变化，面条表面更有光泽感和嚼劲，也会让面粉中的黄酮类变成黄色，面条呈现金黄色。

3 味噌是日式料理的主要调料之一，以黄豆为主料，加入盐及不同的种麴发酵而成。北海道地区料理口味偏重，所以味噌以发酵时间较长的辛口为主。

4 日本味噌从原料划分为：米味噌、麦味噌和豆味噌。其中米味噌主要分为甘味噌、甘口味噌和辛口味噌；麦味噌分为甘口味噌和辛口味噌。

\/传统老店味道/\

兵卫鸭肉荞麦面

WithEating! 吃优笔记：

1 面饼带有荞麦香，吃起来很顺滑，软硬适度，时间长了也不会软塌。

2 料包有两个，是整碗汤汁的灵魂，附带的鸭油调味作用很大，很惊喜。

3 汤头非常好喝，清淡中带有一点点肉香和鲜味。

兵卫鸭肉荞麦面是由日清推出的一款速食拉面，兵卫系列主打日式传统风味。这款拉面的汤底中加入鸭肉精华和鸭油，料包中含有真正的鸭肉和油炸香葱，其中葱选用的是日本著名的下仁田品种，葱白短而粗，肉质柔软，纤维极少，蛋白质含量很高。

兵卫：日本官职名称，多由下级武士担任，主要负起工程内部守卫的职责。兵卫鸭肉荞麦面的广告也是以日本武士为故事原型，由佐藤健出演。

日本传统面食料理分为乌冬面、拉面和荞麦面，其中荞麦面的历史最为悠久，荞麦面是将荞麦种子加工制成荞麦粉后，再加入面粉等增加筋性，同水混合后做成的面条。在日本，一般夏天常食荞麦冷面，冬天则做成荞麦汤面，在大晦（日本除夕）通常要吃跨年荞麦面，意为“去除旧的一年的厄运，顺利迎接新的一年”。

营养成分 × 热量消耗

- Per 105g
- 打网球1小时

热量 Energy	418kcal
蛋白质 Protein	10.5g
脂肪 Fat	19.2g
碳水化合物 Carbohydrates	50.9g
食盐 Salt	6.6g

荞麦冷面一般会佐以酱汁，最常见的组合就是冷的鲣鱼高汤搭配葱花及山葵，当然还有使用鸭子炖煮之后的高汤作为蘸面汁的鸭肉荞麦面。

日清将兵卫鸭面同日本平安时代的诗人鸭长明相结合，推出了一款竖版卷轴式射击网页游戏《鸭长明野望之快餐方丈记》，故事讲述了鸭长明依靠祖母财产过活而不肯谋生，玩家通过挑战关卡，帮助鸭长明登上鸭神社的宫司，游戏中会出现鸭长明最爱的兵卫鸭面来帮助玩家释放必杀技，除了用射击击退敌人，还会出现一些和歌先题的挑战。

(01)

(02)

(03)

食用方法

料包打开，倒在面饼上，冲入410ml沸水，加盖静置约3分钟即可。

>地表最强辣<

18禁拉面

WithEating! 吃优笔记：

1 这款面真的可以称之为“地狱辣”，汤汁蘸到嘴唇，不到半分钟，嘴唇就开始发麻发烫，能够吃辣的人，可以挑战一下，不能吃辣的人，千万不要尝试。它的背面说明中提到肠胃不好、体弱、18岁以下等等都不能吃这款面，绝对不是开玩笑。

2 从它的面饼来说，面条非常好吃，软硬恰到好处，油炸面饼吃起来很香，辣度仅次于汤汁，但是一次吃下一整口面是完全接受不了的。

3 从汤头来说，有着很重的黄咖喱粉的味道，特别能引起食欲，但是仅喝一口就直接崩溃，从嘴巴到腹部都是热的，有痛感，之后就会出现烧心的感觉，建议不要尝试。

18禁拉面是由株式会社磯山商事推出的一款速食拉面。有人形容这款拉面的辣度已经超越人类能够忍受的极限了，在入口的2秒后立刻抵达地狱，即使过了高潮，辣度依旧不会消退，之后嘴巴就会开始麻痹。

这款面的包装使用粉色和黑色作为主色调，颇有风情感，正面有文字信息标明这是一款成人向拉面，广告中也有特别提出未满18岁禁止食用，其实原因就是这款面实在是太辣了，也因为这种辣度，它经常会成为日本综艺节目挑战和整人的工具。

料包仅有一个，颜色是黄色，应该加入了黄咖喱粉之类的东西，整包辣面的精华全在里面，分量也比较重，没有油包，煮出来的汤汁很单薄。

（ 01 ）

（ 02 ）

（ 03 ）

用“斯高威尔标准”来看一下 18 禁拉面的辣度：

斯高威尔（Scoville）标准：用于表示辣椒的相对辣度，甜椒为“0”。

纯辣椒素	16000000
民用催泪瓦斯	2000000
印度鬼椒	1001304（18禁拉面的辣椒成分）
能鹰唐辛子	100000
三鹰唐辛子	40000-50000

印度鬼椒原产于印度东北部阿萨姆省附近，又名断魂椒。虽然在外人眼中这种辣椒堪比魔鬼，但在当地人眼中却是美味无比，除了食用还可以拿来治疗肠胃不适等。18 禁拉面的鬼椒是进口孟加拉国的鬼椒。

（ 04 ）

（ 05 ）

食用方法 ◇◇◇◇

将面饼放入 550ml 沸水中煮约 3 分钟，离火后拌入料包即可。

营养成分 × 热量消耗

○ Per 103g
○ 健身操 1小时

项目	
热量 Energy	298.7kcal
蛋白质 Protein	11.1g
脂肪 Fat	1.5g
碳水化合物 Carbohydrates	60.2g

＞香菜爱好者的“反抗”＜

西 贡 香 菜 拉 面

西贡香菜拉面是由日本 Earthink 株式会社推出的一款速食拉面。Earthink 株式会社成立于 2001 年，是一家以食品、杂货等商品为主的进出口型通信贸易公司，在东南亚与北美为中心的地区具有良好口碑，社长崎野也常作为嘉宾被邀请在日本 NHK 电视台分享公司成功经验。

这款拉面的面饼是油炸型，汤底中加入鸡肉浓缩粉和香菜粉，能尝到香菜本身的植物香气。为了方便食用，只用微波炉“叮”一下就可以食用了。

营养成分 × 热量消耗

- Per 79.3g
- 打网球 1小时

热量 Energy	379kcal
蛋白质 Protein	6.8g
脂肪 Fat	15.8g
碳水化合物 Carbohydrates	52.5g
食盐 Salt	3.1g

WithEating! 吃货笔记

1 这款面属于卷毛面，面条虽然很细，但是煮出来并没有软塌，吃起来非常香，第一口就觉得好吃，可能因为它是油炸面饼吧，本身带有香菜味，煮的过程味道特别明显。

2 汤汁清澈不油腻，虽然加了油包表面会有少许油花，但是彻底喝完也不会觉得腻，香菜的味道还是能闻到的，但并不是很重。

3 有三个料包，其中有一包是干燥香菜，本身刺激性味道并不重，细细闻一下，会闻到香菜本身的香味。

食用方法

微波炉

❶ 将面饼和料包放入盛有 350ml 热水的微波碗中。❷ 放入微波炉，低温加热约 3 分 30 秒，取出后拌匀即可。

煮食

将面饼和料包放入 350ml 热水中煮约 2 分钟，期间不断搅拌，煮好后拌匀即可。

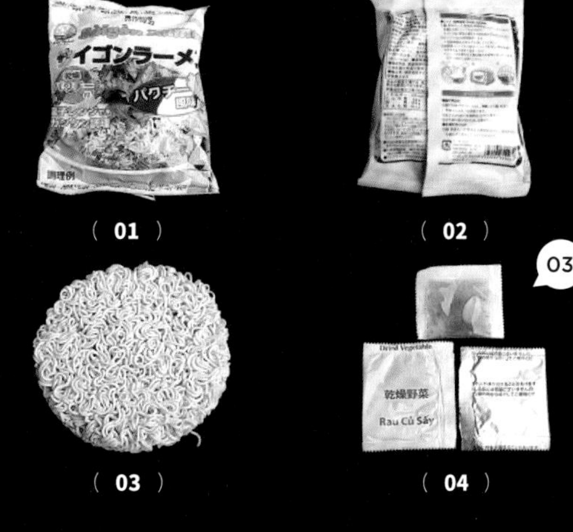

（01）（02）（03）（04）

03

在日本，因为香菜的味道比较特殊，所以喜欢吃香菜的人并不多，但是最近几年他们却神奇般地爱上了香菜。在东京有第一家香菜主题饭店“香菜屋”，生意异常火爆，店主希望除了让喜欢香菜的人能够畅快地吃，还要让不喜欢香菜的人爱上它的味道，更是喊出口号：“No Paxi No Life”。店里有各种以香菜为主题的食物，比如香菜火锅、香菜果汁、香菜冰激淋、香菜拉面、香菜饼干等，还有香菜爱好者们自发在网上成立“香菜协会”，致力于宣传香菜的美味。香菜在日本曾一度供不应求，可见它的受欢迎程度。

香菜的出名本是源自泰国一家料理店推出的巨型香菜冬阴功米粉，四人份米粉中加入了巨量香菜，一次吃完四斤香菜的，就可以享受店铺的香菜终身免费无限量吃。

西贡，现称“胡志明市”，曾是越南首都，现在是越南最大的城市，也是越南重要的经济、贸易、文化和交通中心。香菜是西贡人最常用到的食材，最有名的大概就是越南河粉配香菜的吃法了。

日式小吃摊的老味道

夜店炒面

WithEating! 吃优笔记：

1 从它的面饼来说，因为是油炸的，所以吃起来油味比较重，吃到最后也会感觉到腻。

2 从它的酱包来说，酱汁非常丰富，可以均匀地裹在每根面条上。味道偏甜，芥末的味道也很淡。

一平夜店炒面是由日本明星株式会社（隶属日清）推出的一款速食拉面，曾经获得美国知名泡面博客“The Ramen Rater”评选的全球十大美味泡面第六名。这款碗面打开之后会有一个盖子，从一边开口将水冲人，然后从滤嘴的地方沥干水，是非常人性化的细节设计。

营养成分 × 热量消耗

- Per 135g
- 打手球1小时

热量 Energy	604kcal
蛋白质 Protein	10.3g
脂肪 Fat	28g
碳水化合物 Carbohydrates	77.8g
食盐 Salt	4.6g

美乃滋：即蛋黄酱，一般是使用蛋黄、柠檬汁、植物油等做成的调味酱。

芥末：日本的芥末分为黄芥末和绿芥末。黄芥末源于中国，是用成熟芥菜的种子碾磨成泥，呈黄色，口感柔和；绿芥末（辣根酱）源自欧洲，是在研磨后的辣根中添加色素，使之呈现绿色。口感刺激，辛辣感强于黄芥末。

明星株式会社于 1993 年 1 月推出“一平桑拉面”，之后在 1995 年 2 月推出这款“一平夜店烧”，灵感来源于日式街头风味的炒面。这款面算是日本怀旧风长销面，因为价格偏高，也有中国网友称它为“泡面中的爱马仕”。

面饼属于典型的油炸细面，脱水蔬菜直接撒在盒里。有三包料包，明黄色的是美乃滋，粉色的是调味粉包，还有一个酱包。日本的美乃滋使用的是黄芥末，黄芥末的味道不是很冲，所以这款面吃起来芥末味并不浓。

02

（ 01 ）

（ 02 ）

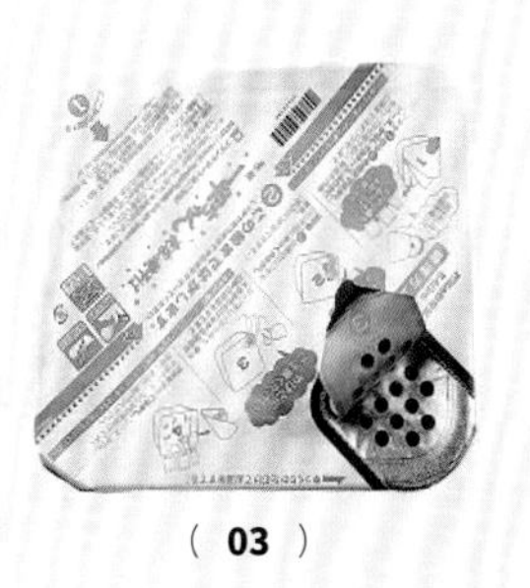

（ 03 ）

（ 04 ）

食用方法 ◇◇◇◇

❶ 盒子中直接冲入适量沸水，静置 3分钟。❷ 面泡好后，沥干水，淋入料包，拌匀即可。

日式土鸡汤味辣面

宫崎辛辛拉面

营养成分 × 热量消耗

- Per 93g
- 打网球 1小时

热量 Energy	424kcal
蛋白质 Protein	9.2g
脂肪 Fat	17.6g
碳水化合物 Carbohydrates	56.8g
食盐 Salt	2.9g

03

3 一共有两个料包：一个浓缩粉包，主要是辣椒和浓缩鸡粉；一个干燥葱包，是比较大块的青葱。

01

02

WithEating! 吃优笔记：

1 这从面饼来说，面条还是很筋道的，即使吃到最后也没有软塌。

2 汤头的味道很家常，有鸡汤的感觉，虽然看起来红彤彤的，但辣味并不是特别重，汤汁偏稠。

宫崎辛辛拉面是由宫崎县推出的一款超级辣速食面。汤底使用当地的土鸡炖煮而成，目前这个系列的拉面一共出了三款，根据辣度划分为：无辣、中辣和超辣。

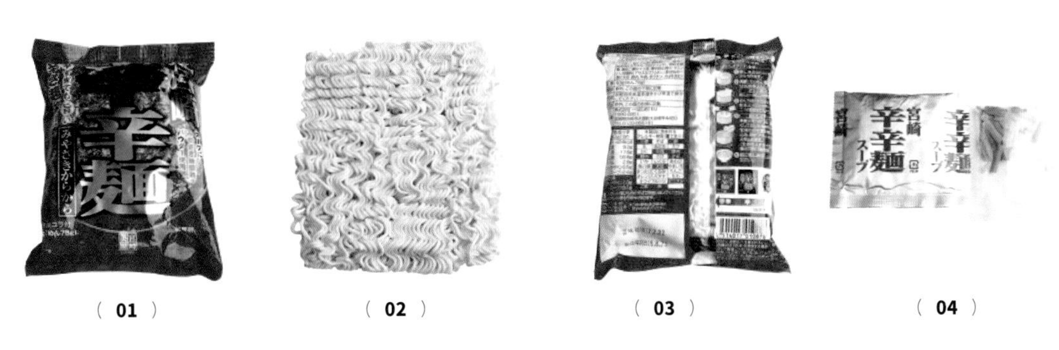

(01)　(02)　(03)　(04)

宫崎位于日本九州地区的东南部，因为气候温暖，光照时间较长，所以被称为“日向国”，此地森林资源丰富，到处生长着亚热带植物，也被称为“居住条件优越的县”。土鸡是宫崎有名的特产，正宗的土鸡料理都是使用放养于无污染的山区土鸡，最常吃的方法就是在鸡肉上撒盐，用炭火烧烤。另外因为这里的土鸡新鲜干净，所以也有生鸡肉片、鸡肉寿司和泡菜腌鸡肉等。

日本家常饮食中的辣并不是很呛口，吃起来甚至会偏甜，曾经有网络票选日本人心中最喜欢的中国菜，麻婆豆腐得票最高，但是日本的麻婆豆腐并不是辣的，而是偏甜口的。

食用方法 ◇◇◇◇

❶ 面饼放入 500ml沸水中煮约 2分 30秒，关火后，倒入料包。❷ 再次开火，放入一个蛋清煮约 10秒即可。

不用去日本，也能吃到正宗的蜂屋拉面

蜂屋酱油拉面

WithEating! 吃优笔记：

1 从面的软硬程度来说，属于偏软的一款面，所以很容易吸汁，吃起来很顺滑。

2 从汤头来说，没有其他北海道拉面那么咸，吃起来感觉很适中。

3 从它的料包来说，虽然只有一包，但是却撑起来整碗面的风味，分量很足。

这款酱油拉面在汤底中加入了竹荚鱼和蜂屋拉面特制的焦香猪油，浓厚的猪油浮在汤头表面，是北海道拉面常见的样子，据说是因为这里很寒冷，所以拉面表面一般都会有比较厚的猪油，用于降低拉面热量散发的速度。

营养成分 × 热量消耗

- Per 80g
- 快走 1小时

热量 Energy	531kcal
蛋白质 Protein	19.5g
脂肪 Fat	21.7g
碳水化合物 Carbohydrates	64.6g

这款拉面是日本旭川有名的蜂屋拉面店推出的一款速食拉面。旭川市位于日本北海道上川综合振兴局境内，这里最为有名的大概就是旭川拉面了，据说这里人口虽然不多，但是有着 400 多家拉面店，是日本拉面店密度第二高的城市，仅次于枥木县佐野市。旭川有一个专门的拉面村，位于旭川市永山区，里面全部由旭川本地的拉面店构成，共有八家，比如青叶（创建于 1947 年）、蜂屋（创建于 1947 年）、天金（创建于 1952 年）、梅光轩（创建于 1969 年）、山头火（创建于 1988 年）等。其中两大代表就是有着近 70 年历史的“青叶”和“蜂屋”，两家店都曾上榜过日本十佳拉面店。旭川当地主要以酱油拉面为主，同札幌的味噌拉面以及函馆的盐味拉面，合称为北海道三大拉面。

（ 01 ）

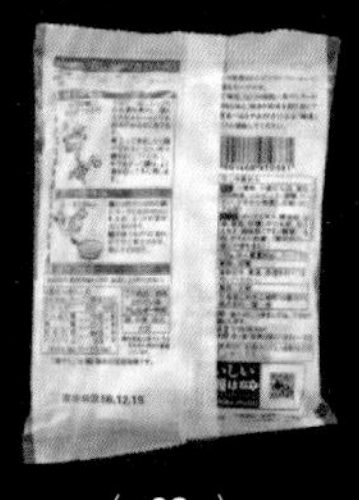
（ 02 ）

食用方法

❶ 面饼放入沸水中煮约 4分－ 4分 30秒。面煮好后，沥干水分备用。❷ 将汤料包倒入 350ml沸水中，搅拌均匀，将面条放入汤碗中。

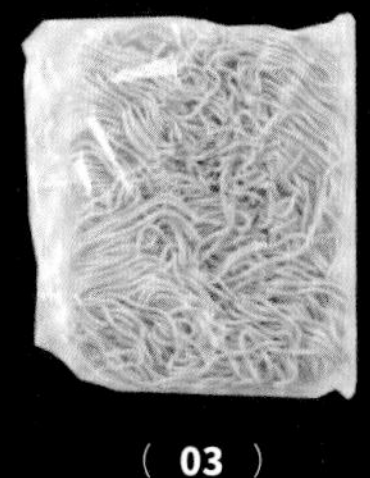
（ 03 ）

（ 04 ）

>日式拉面的讲究<

博多背脂豚骨拉面

营养成分 × 热量消耗

- Per 99g
- 打拳 1小时

热量 Energy	438kcal
蛋白质 Protein	12.5g
脂肪 Fat	20.9g
碳水化合物 Carbohydrates	49.9g

01

03

3 从它的汤头来说，很还原博多拉面的汤底的味道，能看到很浓厚的猪油块，所以喝到最后还是有点腻的。

WithEating! 吃优笔记：

1 面饼是非油炸型，面条很细，但不是很顺滑，吃起来略有柴感。

2 调料包一共有四个，其中一包有干燥叉烧、干燥木耳和芝麻，很丰富。

博多背脂豚骨拉面是日本老牌拉面品牌 AceCook 推出的一款拉面，主打“博多”风味，AceCook 成立于 1954 年，于 1993 年和越南食品公司建立合资企业 AceCook（越南）公司，主要做速食面一类的产品，AceCook 的 Icon 是一只小猪厨师，经历一次改版后同时推出了自己的 Slogan：Cook Happiness。

博多拉面是日本三大拉面之一，特色是以猪骨高温慢熬而呈现白浊的浓郁汤底，其中辅以鸡架，丰富汤头的口感。如今的博多拉面基本就是豚骨拉面的代名词了。

博多拉面多以细直的干面为主，耐煮有嚼劲，如果是在专门的拉面店里吃的话，可以体验到博多拉面特有的“替玉”制度。

替玉（替え玉）：起源于福冈中央区的“元祖长浜屋”，意指博多拉面的面条含水量低，并且很细，如果一次煮很多，就会造成面条吸水软塌，口感不好，因此博多拉面的面条都会有意减少，让客人可以短时间内享用完。当然如果面条不够的话，可以免费加面（目前很多博多拉面店也开始实行替玉收费制了），但是汤头的话，一般都要收费。

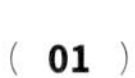
(01)

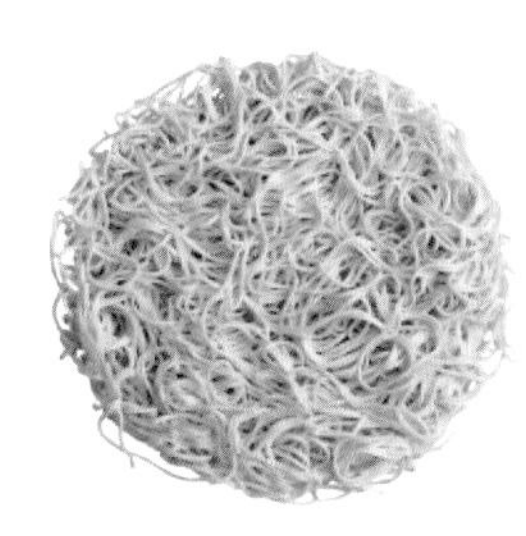

(02)

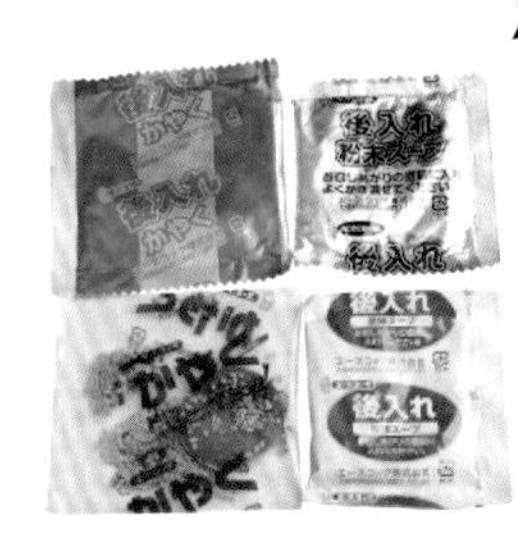

(03)

02

食用方法 ◇◇◇◇

❶ 打开盖子，取出料包，注入热水至内侧标线处。❷ 等待 1-2分钟，开盖后加入料包，拌匀即可。

博多拉面常用食材

背脂（せあぶら）：猪的里脊肉上侧的肥肉，博多拉面汤底中略有凝固的白色油脂。

红姜丝：日式拉面中常见的配菜，姜丝中加入梅汁腌渍而成，口感酸甜，减少了姜本身的辛辣感，搭配博多拉面食用，可解腻。

辛子高菜：福冈特产，一般博多拉面里使用的是腌过的辛子高菜。

日本拉面的软硬选择

1 生面：未过水，口感最硬。

2 粉落とし（Kona Otoshi）：将干面稍微过水 1 秒，吃起来口感略硬，所以也不易吸收汤汁。

3 针金（Harigane），将干面过水 5 秒，从面条的横切面可以看到明显的白芯。

4 バリかた（Bari Kata）：超硬面。

5 かためん（Kata）：硬面，不是很容易吸水，比较适合慢慢吃。

6 普通めん（Futsu）：如果想要替玉的话，第一份就应该选这个程度的面条，口感上稍微偏硬。

7 やわめん（Yawa）：软面，口感稍软，有弹性。

8 やわやわ（Yawa Yawa）或者バリヤワ（Bari Yawa）：超软面，口感过软，比较像软塌的泡面。

一定是洋葱爱好者发明的

洋葱酱油拉面

营养成分 × 热量消耗

- Per 87g
- 打网球1小时

热量 Energy	406kcal
蛋白质 Protein	9.7g
脂肪 Fat	18.2g
碳水化合物 Carbohydrates	50.8g
食盐 Salt	5.1g

WithEating! 吃优笔记：

1 这款面的面饼是油炸型，但使用纯植物油油炸，粉包和汤包中都没有肉类，所以算是一款素面。

2 面的口感总体来说比较普通，但是相比其他日式拉面，算是偏淡的一款，因为面饼在制作过程中没有添加盐分。另外面条偏软，不适合久煮。

01

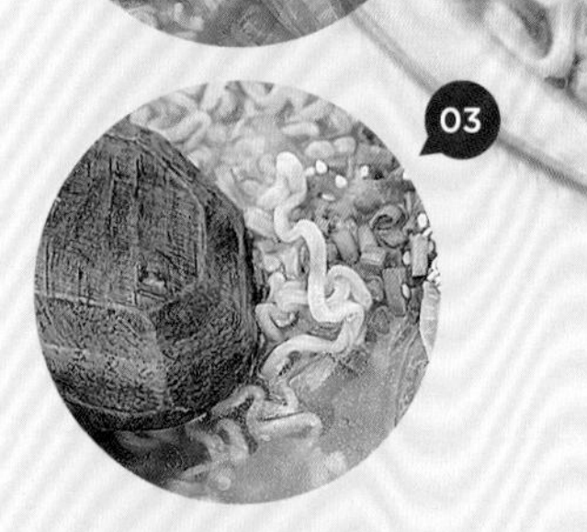

02

03

3 虽然这款面主打洋葱味，但是不喜欢洋葱的人也可以吃，因为几乎没有洋葱的辛辣味，保留了洋葱本身的蔬菜清香和甜味。酱油咸淡适中，总体来说喝起来很不错。

洋葱酱油拉面是由 Itomen 株式会社推出的一款速食拉面。Itomen 株式会社位于兵库县龙野市，于昭和 20 年（1945 年）创立，主要贩售面制品，如手延面、干燥乌冬面、速食拉面等。它还有一个自己的卡通形象——一只飞翔着的小蜜蜂。

食用方法

❶ 将面饼和菜包放入 500ml 沸水中煮约 3 分钟。
❷ 关火后，加入粉包，搅匀即可食用。

Itomen株式会社的创始人伊藤哲郎，早期创立公司时主要经营素面和冷面，后来研制出一款蜻蜓拉面（现已不再生产）作为主打产品，确立了Itomen在近畿地方制面的重要地位。这款洋葱酱油拉面主要在兵库地区贩售，但因为兵库县紧邻大阪和京都，人气逐渐增长，随后在九州也有贩售。洋葱酱油拉面物美价廉，单包售价为146日元。

拉面的包装设计十分简单，文字信息也比较少，正面是一颗白玉洋葱的大剖面，标明这款面的特色就是洋葱。此外还印制了料理范例，可根据自己的喜好添加洋葱圈、溏心蛋来搭配食用。包装的左下角标明，本款面中添加有干燥的洋葱粒，背面则是产品的具体信息和煮制方法。

洋葱酱油拉面采用的是油炸面饼，全部使用植物油炸制，热量会比一些干燥面等面饼高一些，但正因为是油炸制成的，口感才更加顺滑有弹性。面饼中不含盐分，即便是酱油味的拉面，咸味也比较适中。也正因为无盐，使得面条质地本身就偏软一些，注意不要煮太久。

这款洋葱拉面的菜包中，有洋葱、白菜和荷兰芹，使得整包面吃起来洋葱的味道非常浓郁，蔬菜的使用让汤头变得更加清甜。粉包质地较细，很容易就能在水中化开，粉包中所含的酱油粉和洋葱粉，在体现这款面酱油味的同时，增加了整个汤头的浓郁洋葱味。

由于这款面的面饼是用植物油炸制而成，粉包和汤包中均没有肉，也不含猪肉、鸡肉、牛肉提取物等一般拉面比较常见的配料，因此也非常适合素食者食用。

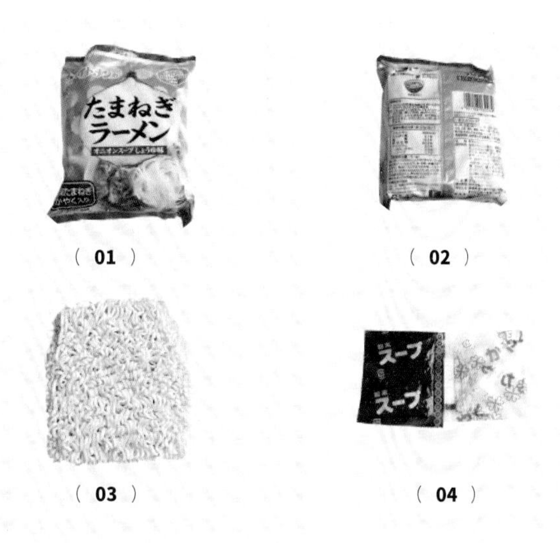

（ 01 ）
（ 02 ）
（ 03 ）
（ 04 ）

日本酱油真的值这么多钱吗？

都一酱油拉面

营养成分 × 热量消耗

- Per 120g
- 中度有氧运动 1小时

热量 Energy	311kcal
蛋白质 Protein	10.3g
脂肪 Fat	2.2g
碳水化合物 Carbohydrates	62.8g

WithEating! 吃优笔记：

1 这款拉面的面饼可能是我见过的纹路最整齐的了。一拿出来感觉非常紧致，面体呈黄色卷毛状，煮出来相对偏软，所以很容易吸汁，吃起来也很顺滑。

2 汤头比较清淡，呈褐色透明状，油花较少，看起来更像是稀释了的酱油，所以味道比较单一。

3 料包仅有一个，就是薄薄的液体酱油，酱油中含有少许沉淀。

都一的这款拉面设计简单，使用红色作为主色调。正面信息说到，这是都一创业以来使用一贯制法做出的经典味道。这款拉面必须煮食，里面含有一个汤包，添加了洋葱粉和大蒜粉提味，面饼中则加入了碱水，所以这款面属于碱水面，吃起来口感会跟我们平时吃的速食面有很大区别。包装的背面除了常规信息，还有专门的拉面介绍，大概意思是说都一开发制作的这款中华干面，是花费了很长时间才做出了这种拉面中特有的很有韧性的卷面，只有通过煮食才会更好地激发出酱油汤底的风味。

(01)

都一酱油拉面是由日本都一株式会社推出的一款速食拉面，主打酱油风味。都一株式会社创立于1930年，初店位于千叶市，取名为『村田制面所』，1954年制作出第一款速食拉面，取名『中华拉面』，并推向市场，目前都一主要贩售中华干面、小麦面和炒面等，且宣称绝不使用油炸面饼，不添加任何食品添加剂，保证每一口都吃得安心健康

(02)

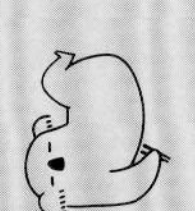

食用方法 ◇◇◇◇

❶ 将面饼放入 500ml沸水中煮约 5分钟。❷ 将料包倒入面条中，继续煮约 1分钟即可。

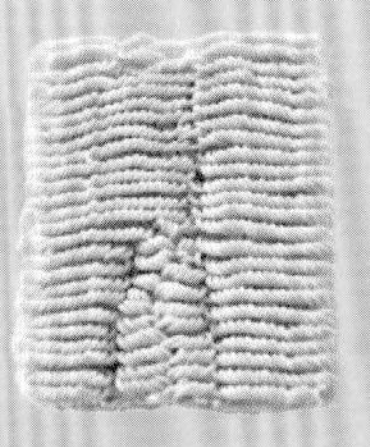

(03)

据说日本酱油是在公元 755 年以后，由鉴真大师自中国将酿造酱油技术传入日本。中国的传统酱油酿造讲究“春曲、夏酱、秋油”，利用时间、温度等变化，经“日晒夜露”制作而成。日本则更倾向于将这种自然规律科学化，使用现代可控技术进行相对独立的封闭式酿造。酱油的酿造工艺主要分为：高盐稀态发酵和低盐固态发酵。日本主要使用高盐稀态发酵法，通过这种方法酿造的酱油品质更高，味道更醇厚，营养物质丰富。从水质来说，高盐稀态发酵法会用到大量的盐水，而日本地下水和海水相对干净且充足，从菌种来说，每个工厂都有自己从创始就开始培养的特殊菌种，因此酿造出来的品质也各不相同，另外，日本使用科技参与酿造，因此能够更好地把控时间和度。

(04)

＞日本怪石小岛的美味＜

朝天椒味噌拉面

朝天椒味噌拉面是日本仲屋商店有限公司推出的一款速食拉面，产地在八丈岛 。八丈岛是日本伊豆群岛中的一个岛屿，这里有很多美丽又富有民间色彩的浪漫传说，拉面的包装上印有一句可以概括八丈岛的民谣。从远处看好像有很多怪石的鬼岛，来了才知道八丈岛是热情的岛屿。另外，拉面使用红色作为主色调，并且画有很多日本风俗传说中的小鬼，环抱着八丈岛的特产朝天椒。

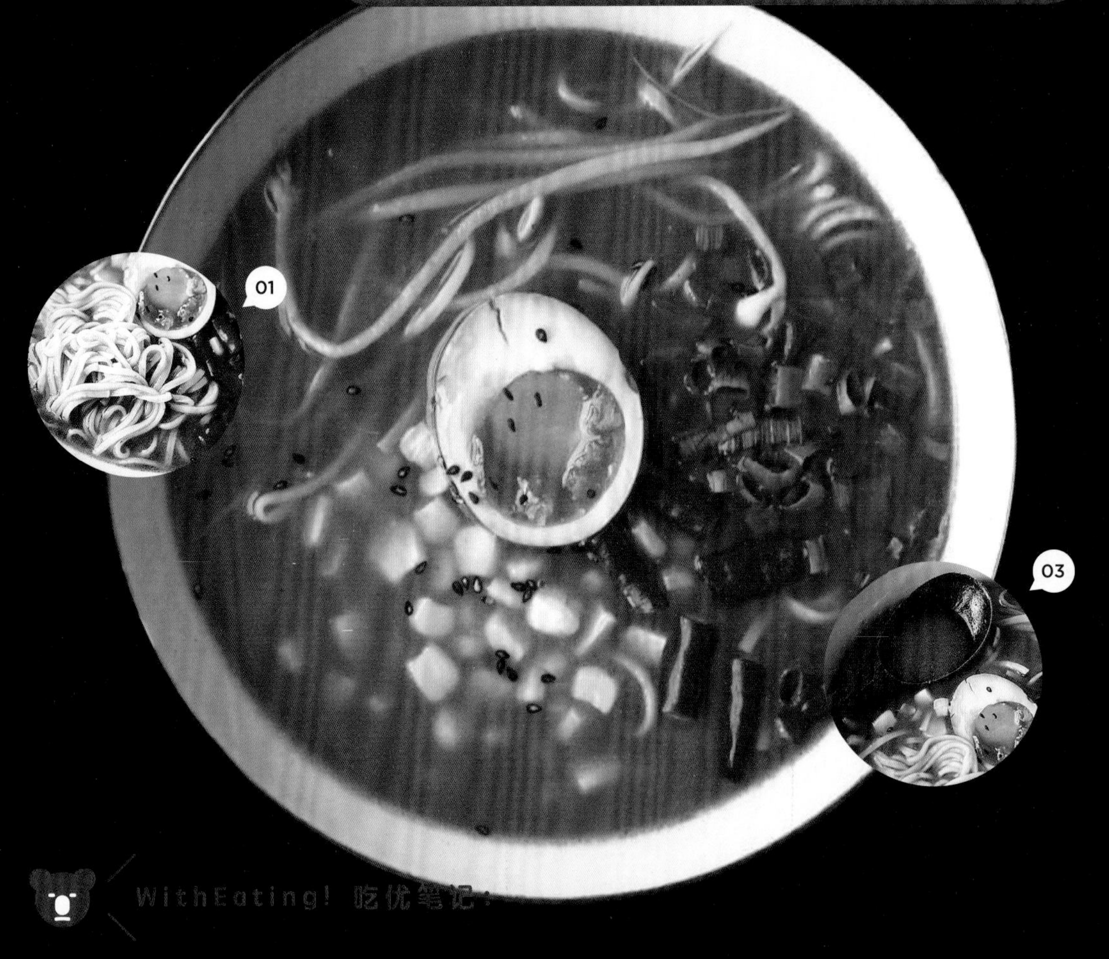

WithEating! 吃优笔记！

1 这是一款主打味噌口味的拉面，从它的面饼来说，虽然分量很少，但是煮出来感觉很多，一个人管饱。面饼表面有很多颗粒状的辣椒粉，面粉中加入了贝壳烧制的钙粉和贝壳干燥钙粉，所以是一款碱水面。

2 从它的酱包来说，是很浓厚的一包酱料，里面有味噌、味淋、猪肉提取物、酱油、发酵调味料等，都是一些提鲜的发酵健康调料。

3 从它的汤头来说，并不是像一般的味噌拉面那么咸，呈浊色，喝起来很浓厚，但不会腻。

营养成分 × 热量消耗

- Per 130g
- 打网球 1小时

热量 Energy	382.3kcal
蛋白质 Protein	10.2g
脂肪 Fat	1.3g
碳水化合物 Carbohydrates	56g
食盐 Salt	7g

(01)　(02)

(03)　(04)

食用方法

❶ 面饼对半掰开，放入 550ml 沸水中煮约 2 分钟。❷ 煮面的同时，在碗中放入汤料，冲入 270ml 热水，充分溶解后，将沥干水的面放入其中即可。

这款拉面的官网售价为 259 日元，主打日式味噌口味。在日本拉面的百年历史中，味噌拉面大概占六十年，据说是因为当时有人要求在味噌猪肉汤里加入面条，之后，这种吃法在百货公司的物产展上迅速传开，于 1970 年掀起热潮。

正宗味噌拉面中除了加入味噌还会添加猪骨与鸡骨提鲜，配菜也同其他日式拉面略有不同，一般会使用碎肉代替叉烧，将豆芽同洋葱焯过后配于上面。在北海道，因为天气寒冷，还会搭配姜丝和蒜头，食用后起暖身的作用。

味噌因为味道略单薄，所以近些年，日本人会在味噌中加入辣椒，比如这款朝天椒味噌拉面，其实就是典型的味噌配辣椒的吃法。

当甜虾遇上浓厚咖喱

奥芝甜虾咖喱拉面

WithEating! 吃优笔记：

1 这款面的咖喱味非常浓郁，面本身没有什么特别的地方，就是日式拉面中非油炸的碱水面，吃的时候会有种涩涩的感觉，也很耐煮，稍微有些硬，不太容易吸汁。

2 汤头的咖喱味很重，颜色偏深黄，表面有明显的鸡油油脂，喝第一口能够尝到比较重的海鲜味，有点偏甜，伴有微微辣感，鸡油的味道也有，总的来说，咖喱、甜虾和鸡的味道非常搭。

3 料包仅有一个，分量很足，包装使用了金黄色，表面印有这款面的卡通形象，打开后，有明显的黄色鸡油分层。

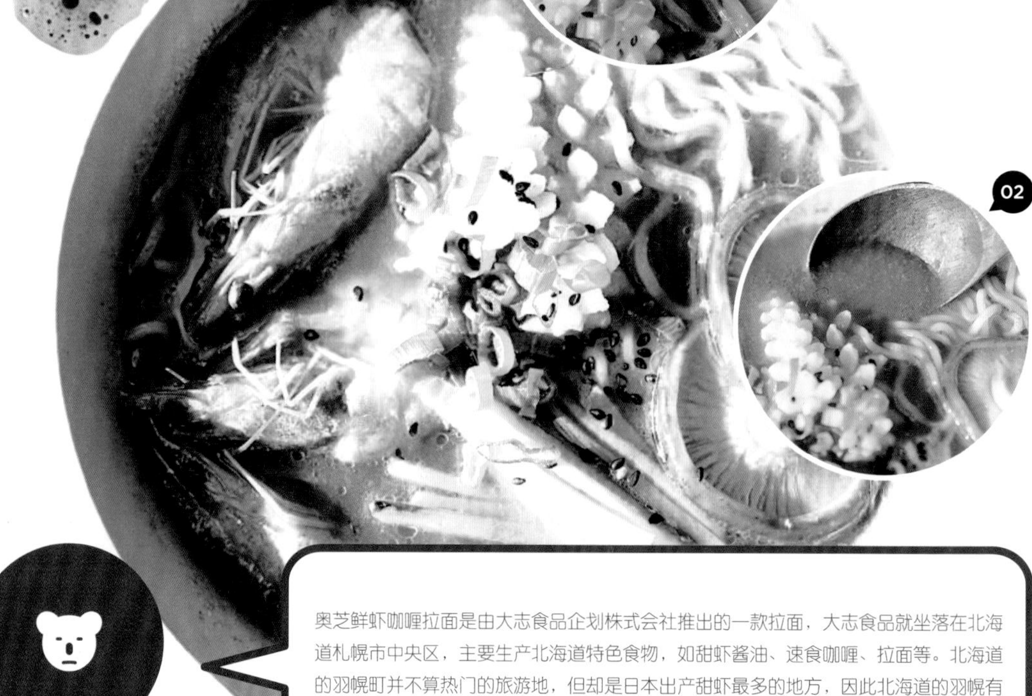

奥芝鲜虾咖喱拉面是由大志食品企划株式会社推出的一款拉面，大志食品就坐落在北海道札幌市中央区，主要生产北海道特色食物，如甜虾酱油、速食咖喱、拉面等。北海道的羽幌町并不算热门的旅游地，但却是日本出产甜虾最多的地方，因此北海道的羽幌有很多以虾为主要食材的特产。这款面就是和甜虾有关的特产之一，售价 330 日元。

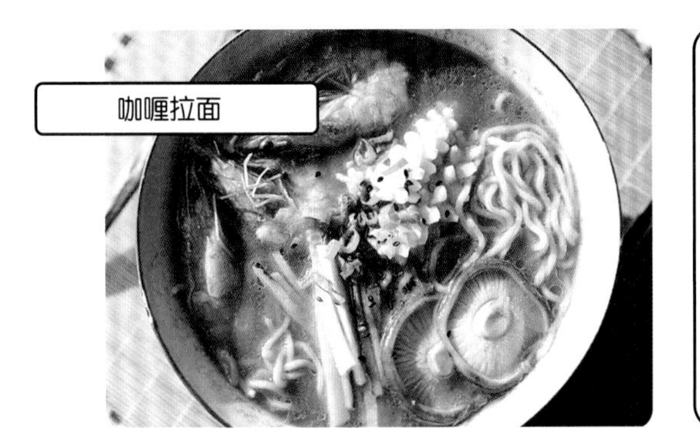

咖喱拉面

奥芝商店是一家主打咖喱的专门店，经营咖喱嫩鸡面、鲜虾咖喱面等日式拉面，此外还贩售盖饭、寿司等食物。奥芝商店的名称来源于创始人 Yousuku的祖父生前开过的一家名叫“奥芝商店” 的铺子。在北海道乘电车，札幌站下车徒步 3分钟，即可到达奥芝商店的札幌本店。

奥芝商店的网站十分有趣，主页面模拟了一个拉面店，以此作为整个网站的信息构架。此外还设计了多种不同的形象，以略微古怪的画风描绘出来：如头会掉下来的店长 Yousuku、以虾为原型设计的煮汤师傅、以店长祖父形象设计的店招牌等，甚至每个店员都有自己的形象设计。在网站中还以漫画的形式，讲述了奥芝商店创立的故事、各个成员形象及介绍，以及奥芝商店的分店信息。

这款速食甜虾咖喱拉面，沿袭了奥芝商店现做拉面的特色，使用了北海道羽幌出产的甜虾出汁，既保留了鲜虾中的甜味，又有类似于鲣节的海味。汤包重 50克，用酱油来调味，内含咖喱粉、北海道羽幌产甜虾粉、鸡油成分，咖喱和鸡油赋予了汤头浓厚的底味，甜虾又增添了汤头的鲜甜。

甜虾咖喱拉面的面饼属于干燥型，面条中特别添加了蛋白粉，因此这款面的蛋白质的含量比一般的拉面要高一些，口感也更筋道。

奥芝商店现在已经在日本全国开设 9家分店，他们的梦想是努力让每一天的拉面都比昨天好吃。

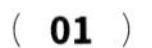

(01)

(02)

食用方法 ◇◇◇◇

❶ 将面饼放入 600ml沸水中煮约 3分钟，转小火，继续煮 2分钟。❷ 关火后，放入汤包，可根据自己喜好加配菜食用。

营养成分 × 热量消耗

○ Per 140g
○ 打网球 1小时

热量 Energy	408kcal
蛋白质 Protein	14.8g
脂肪 Fat	12.1g
碳水化合物 Carbohydrates	59.9g
食盐 Salt	9g

＞日式拉面的地中海风味＜

小豆岛橄榄拉面

小豆岛橄榄拉面是由共荣食粮株式会社推出的一款极具地方特色的速食拉面，共荣食粮株式会社坐落在美丽的小豆岛，主要贩售一些小豆岛的特产，比如跟橄榄相关的食品和调味料。

小豆岛橄榄拉面共有三种汤底：海鲜汤底、番茄汤底和盐味汤底，其中盐味橄榄拉面曾经获得Monde Selection（国际品质评鉴组织）2014的铜牌，这款面的价格是600日元。

WithEating! 吃优笔记：

1 面条是典型的细直面，颜色偏黄，煮出来有点像兰州牛肉拉面，耐煮偏硬，不是很容易吸汁。

2 这款面的汤料只有一种，闻起来略微有刺鼻的味道。质地很薄，呈黄色，冲入热水后，能看到少许油花，肉腥味不是很大，在速食面中可以说是清汤寡水。

食用方法 ◇◇◇◇

❶ 将面饼放入沸水中煮约 3 分钟。❷ 汤料冲入 300ml 沸水，拌匀后，将沥干水的面条放入其中即可。

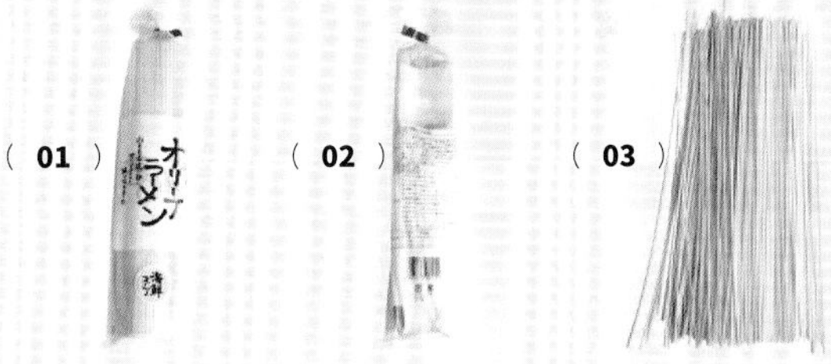

面的设计很简单，文字信息也比较少，背面有写明是“干燥手延面”，这里的“手延”其实就是日本“挂面”的一种，简单来说就是“手抻”的意思。手延面的面条生产原料、辅料和挂面大致相同，但是生产工艺却相差甚远，另外这种面在加工制作过程中对水的要求较高，一定要使用软水才行（一般硬水中的金属离子会与面粉中的蛋白质结合，影响面的延展性），很多日本拉面中常加入适量添加物，来改良面团的品质，比如大豆蛋白质。一般的手延面会在表面涂抹油脂，使面条表面光亮，而且能够增加保水能力，食用的时候爽滑且油润可口，这款面中使用了橄榄油来作为主要用油。
这款面的料包含有鸡肉和猪肉的浓缩成分，这两种肉类比较常用于日式拉面中，可以增加汤汁的鲜醇口感。

小豆岛（syoudojima）位于日本四国东北部，在濑户内海三千个岛屿中，它是第二大岛，也是非常受欢迎的度假岛屿。小豆岛其实是“红豆”的意思，它的面积很小，只有 170 平方公里，岛上最有名的景点就是橄榄公园，因为成功栽培橄榄而出名，于是这里也成了日本橄榄的发源地。橄榄园有香草园和希腊风车，极具地中海风情，有人称小豆岛为生产橄榄的浪漫岛屿。
说起小豆岛的橄榄基本要追溯到公元 1908 年，当时日本三重县、鹿儿岛县和香川县共同试栽橄榄树，最后小豆岛以种活 507 棵橄榄树夺冠，3 年之后成功收获了大约 7 公斤橄榄，由此开始，小豆岛慢慢发展成了日本地中海风情小岛。
大豆蛋白质是植物蛋白中营养价值最高的一种，加入大豆蛋白质可使之与面粉中的蛋白质起掺和 、互补作用，有利于面粉蛋白质的效率提高，其营养价值大大高于两种食品单独食用。

有明海的“恶趣味”

异形拉面

营养成分 × 热量消耗

- Per 98g
- 打拳1小时

热量 Energy	449.8kcal
蛋白质 Protein	9.4g
脂肪 Fat	17.3g
碳水化合物 Carbohydrates	63.5g
食盐 Salt	4.9g

异形拉面是夜明茶屋推出的一款以『雷氏鳗鰕虎鱼』为主打的速食面，但是这款面的鱼看着就没那么可爱了，甚至有些『恶趣味』，拉面的外包装让人看着也会不寒而栗，作为一款可以入口的拉面，确实有些重口味了。

雷氏鳗鰕虎鱼是鰕虎科鱼类的一种，主要分布在我国台湾沿海和日本南部，体型较小，可以食用。

02

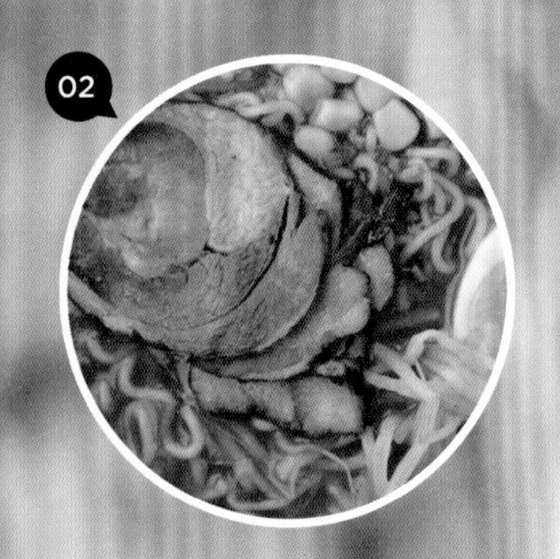

WithEating! 吃优笔记：

1 这款面做出来的颜色是冷色调，其实还是有些影响食欲的。从它的面饼来说，属于油炸型，里面加入了鸡蛋粉，所以吃起来很香很爽滑。

2 从它的汤头来说，虽然看着非常没有食欲，但是喝起来竟然意外地不错，口感鲜甜，有点浓稠。汤底加入雷氏鳗鰕虎鱼干粉、鲣鱼粉、洋葱粉等，味道鲜美。

3 鲣鱼：鲣鱼为食肉性动物，以小型鱼类为食。主要生活在热带海域和温带海域之间，每年春天，在日本近海区域就会出现大批鲣鱼群，所以日本人常将这种鱼类做成鱼粉，用于食品调味。

4 从它的料包来说，一共就一包料，颜色呈绿色，里面有很多提鲜味的浓缩粉，冲入沸水，会变得很浓稠。

目前夜明茶屋一共推出了四款福冈地方主题速食拉面，分别为：有明海异形拉面、有明海弹涂鱼拉面、有明海酱油海苔拉面、柳川鳗鱼拉面。

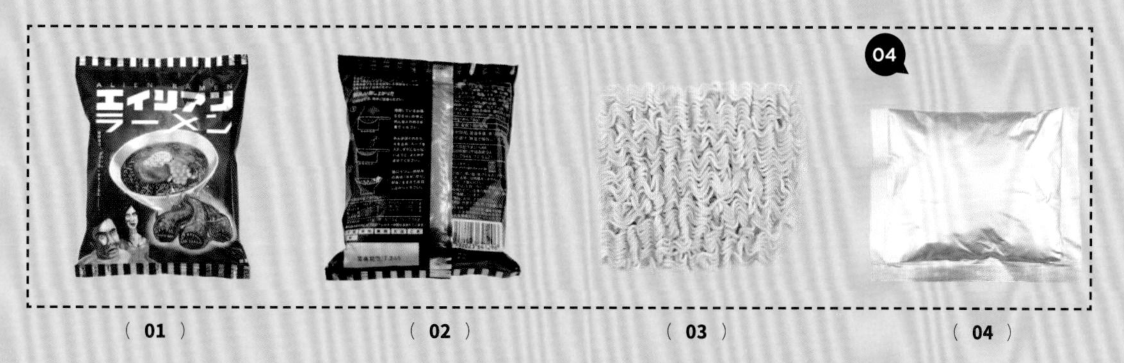

（ 01 ）　（ 02 ）　（ 03 ）　（ 04 ）

雷氏鳗鰕虎鱼是鰕虎科鱼类的一种，主要分布在我国台湾沿海和日本南部，体型较小，可以食用。

雷氏鳗鰕虎鱼是日本有明海的特产，主要生活在滩涂区，一般体长在 30-40cm，重约 60g，因为外形怪异，眼部退化，长有很多裸露的参差不齐的牙齿，所以被媒体称为“有明海的异形”。雷氏鳗鰕虎鱼味道鲜美，一般会做成鱼干出售，据当地人称，鱼干做成味噌汤或者略烤最美味的，新鲜的则会做成生鱼片，通体透明偏红，但是吃起来口感一般。

异形：这款异形拉面包装设计的故事也是基于电影《异形》。《异形》（*Alien*）是雷德利·斯科特执导的一部恐怖电影，影片讲述了一艘飞船在执行任务时不慎将异形带上了船，之后船员同异形展开搏斗的故事。电影中的异形和雷氏鳗鰕虎鱼长得非常像。

食用方法 ◇◇◇◇

❶ 面饼放入 500ml 沸水中，煮约 3 分钟。❷ 关火后倒入料包，拌匀即可。

\\/ 绿色健康面 /\\

利尻昆布拉面

01

1

WithEating!

吃优笔记：

1 从它的面饼来说，吃起来蛮香的，面条较软，煮的话要控制好时间以防软塌。

2 从料包来说，有一片干燥昆布和一包汤料，汤料分量很足，吃起来也比较咸。

2

WithEating!

吃优笔记：

3 汤头比较重口，作为盐味拉面，吃起来其实味道还是很浓厚的，虽然只有简单的昆布作为主打，但是喝起来并没有很清爽。

利尻昆布拉面是由利尻渔业协同组合推出的一款极具地方特色的速食面。利尻渔业协同组合位于日本利尻岛利尻富士町，主要贩售当地特产，目前仅推出一款速食面。

营养成分 × 热量消耗

- Per 113.4g
- 走步机 1小时

热量 Energy	342kcal
蛋白质 Protein	9.8g
脂肪 Fat	5.4g
碳水化合物 Carbohydrates	62.9g
食盐 Salt	7.4g

利尻岛位于日本北海道北部，是一座近圆的火山岛，自 19 世纪中期之后，利尻岛涌入大量日本渔民，由此发展成为日本重要的渔场，岛上的主要居民也由阿伊努人变为大和民族。如今，利尻岛的旅游业已经取代了原本的传统渔业，成为此地最重要的经济产业。利尻富士町是利尻岛的自治体，约占全岛面积的 59% 。

昆布，即为“海带”，日本的主要产地为北海道地区，一般是在每年的 7-9 月收取，之后经过晒干加工运送至市场。日本的昆布有多种吃法，比如以醋腌渍再晒干的酢昆布、用来做汤和泡茶的 Tororo 昆布、作为新年御节料理的昆布卷等。

这款拉面属于盐味拉面，盐味拉面主要特点就是汤底清澈，表面浮有金黄色的油脂，口味偏清爽。一般在制作这种拉面的时候，为了保持汤底的清爽，会用豚骨、昆布同蔬菜小火慢熬，再加入海盐或者岩盐调味。

选用新鲜海苔作为主料，并添加在面条中，第一口就能尝到海味儿。拉面中带有一包酱包和一片脱水利尻海带，泡开后就是一块略黏稠的海带，口感一般。

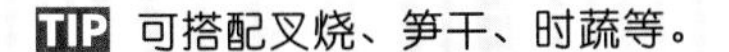

TIP 可搭配叉烧、笋干、时蔬等。

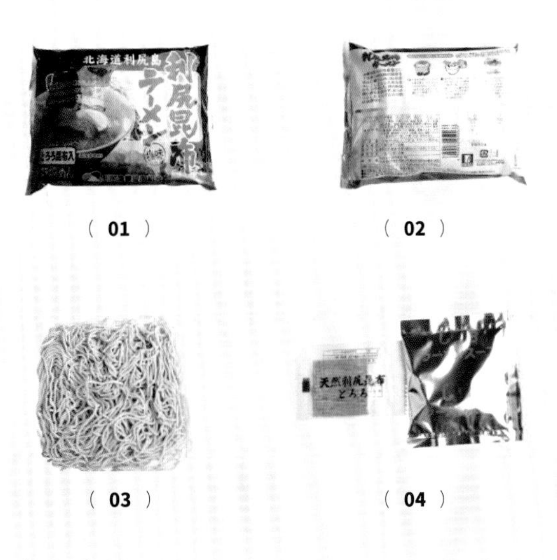

(01)　(02)　(03)　(04)

食用方法

❶ 面饼放入沸水中煮约 5 分钟。❷ 料包放入碗中，冲入 270ml 沸水至充分溶解。❸ 面条煮好后，沥干水放入汤碗中，拌匀即可。

\/ 海鲜和酱油的浓厚味道 /\

北海鲑节拉面

营养成分 × 热量消耗

- Per 149g
- 爬楼梯 1小时

热量 Energy	469.6kcal
蛋白质 Protein	16.1g
脂肪 Fat	14.4g
碳水化合物 Carbohydrates	68.9g
食盐 Carbohydrates	7g

01

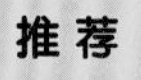

推荐

WithEating!

吃优笔记：

1 这款拉面吃起来非常棒，推荐！首先从它的面饼来说，面条使用了北海道小麦粉，有着更为筋道的口感。

2 汤汁的味道十分丰富：不仅有深海的鱼鲜味，还有浓厚的豚骨味道，喝到最后也不会有腻感，食盐含量虽然不低，但是意外地不会太咸。

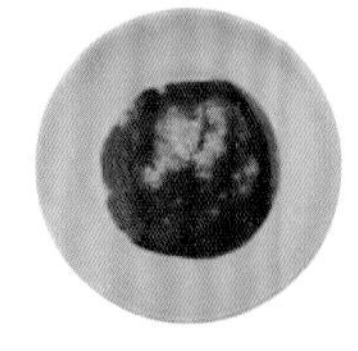

3 鸡油和猪油，这两种成分是日式拉面中比较常见的配料。另外还特别添加了鲑鱼精华，丰富汤底的口感。

02

北海道小麦粉

丰富汤汁

(**01**)

正面

北海鲑节拉面的外包装是黑色，在正面写明了面饼为“干燥型”。

(**02**)

背面

日本食品原料基地。

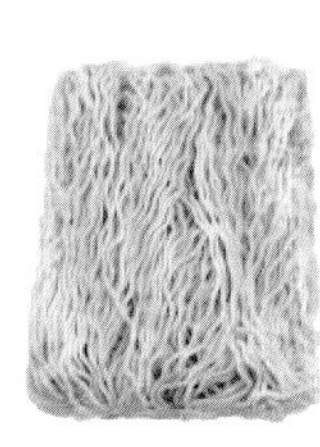

(**03**)

面饼

面饼使用了北海道产小麦粉，并用鄂霍次克海盐调味。

北海鲑节拉面是由南川制面株式会社推出的速食拉面。南川制面株式会社坐落在北海道，已经有 300年的历史了。以味噌口味为主的札幌拉面、以盐口味为主的函馆拉面和以酱油口味为主的旭川拉面，被称为北海道三大拉面。北海鲑节拉面属于酱油口味，价格为 290日元。

北海道有肥沃的黑土地，是日本食品原料基地，农作物产量位居日本第一。这里以春播小麦为主，一年只生产一季，粉蛋白较高，用这样的小麦磨成的小麦粉非常细腻、有质感，带有淡淡的田野香气，做成的面条也更筋道。

本款面的主打是“浓厚豚骨鲑节酱油味”，北海道人的口味偏重，因此这里的酱油拉面相较其他地方也会更浓稠一些。另外为了给这款面增加“旨味”，在汤包中添加了鲑节粉末，味道鲜甜。

旨味：日本料理的至高追求。熬制高汤时的做法叫“出汁”，日本的出汁，是在短短的几分钟内将原料的精华提炼出来，为高汤添加“旨味”。

北海道鲑鱼的产量，基本年年都列日本第一位。每年秋天，待产卵的鲑鱼逆水而上，洄游到北海道，长途跋涉消耗了鱼身大量的脂肪，肉质变得结实鲜美。鲑节的做法与鲣节类似，制作程序比较复杂，且耗费时日。一般先将鱼肉蒸熟，再用文火炭烤，待水分蒸发后就成为坚硬的鲑鱼干了，使用时用刨刀刨成鲑鱼花。比起鲣节，鲑节要甘甜得多，鲜味也更加浓郁。

\ /酸辣咸甜，一包就够八

辛子梅蛋黄拉面

1 面饼呈白色，属于日式拉面中偏软的一种，所以比较容易吸汁，吃起来很爽滑。

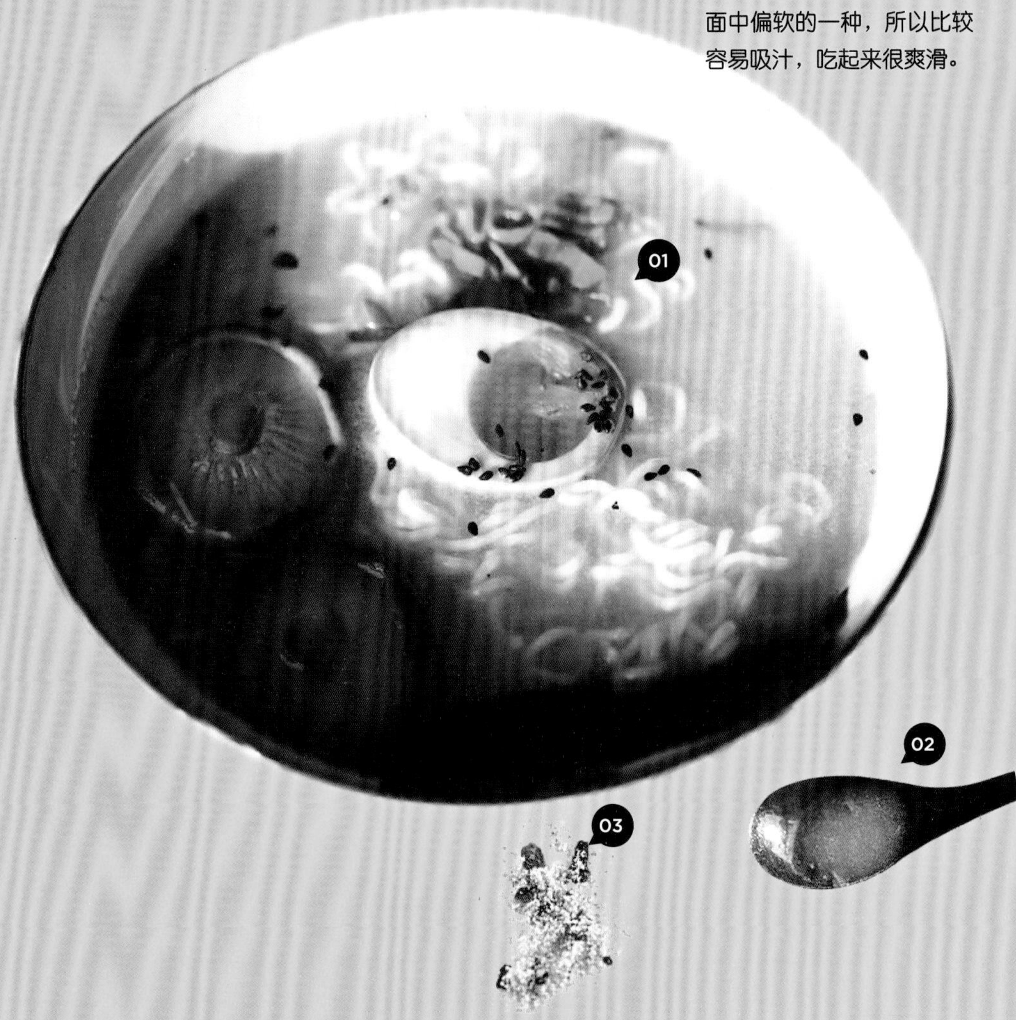

WithEating! 吃优笔记：

2 汤汁比较清淡，仅有梅子的味道，闻起来是很清爽的水果香气，但是因为主打辛子梅，所以喝起来酸中带有些许辣感，总的来说有点黑暗料理的感觉。

3 料包有两种，都是粉包，所以冲出来的汤头也会比较清淡，没有油花。梅子粉包中含有干燥梅子干，很清香。

辛子梅蛋黄拉面是由 Faithwin 株式会社推出的一款以辛子梅和蛋黄酱为主打的拉面。Faithwin 株式会社坐落在大阪市，经营零食、年糕片、泡面等多种食物，曾在 1979 年推出过一款“美味棒”的饼干，男女老少都非常喜爱，至今在日本国内都有很高的人气。

Mayo 蛋黄酱系列拉面都是由大和一郎监制，共有四种口味，分别是芥末味、辛子梅味、豚骨味、牛舌盐味，其中牛舌盐味为东北限定，售价 300 日元，其余三种售价均为 345 日元。

营养成分 × 热量消耗

- Per 96g
- 打拳 1小时

热量 Energy	438kcal
蛋白质 Protein	9.0g
脂肪 Fat	17.5g
碳水化合物 Carbohydrates	60.5g
食盐 Salt	7.2g

辛子梅蛋黄拉面包装的左下角，写明了这款面是辛子梅和蛋黄酱的混合口味。日本向来有吃梅子的传统，梅的果实中含有多种有机酸，有抑制细菌、调节肠胃功能的作用，因此被广泛食用和药用。在日本各地的梅干中，纪州产的南高梅，果肉富有韧性，是质量最好最出名的。辛子梅则是用辣椒调过味的梅子，梅本身非常酸，所以辛子梅的口味是酸辣的，又含有一些水果的清甜。

这款面的面饼为油炸面饼，其中含有一定的猪油成分。粉包是含有唐辛子和干燥梅肉的粉末，并添加了洋葱、大蒜、酱油、昆布提取物等成分，为酸辣的口味增添了一些层次。此外，料包中还有一个蛋黄酱粉包，以蛋黄酱粉为主，糖、淀粉和洋葱粉末为辅。

食用方法

❶ 面饼放入 500ml 沸水中，煮约 3 分钟。❷ 面条煮好后，关火，放入料包，拌匀即可食用。

这款面整体来说非常好吃，面饼属于油炸型，干吃的话，回味里有种特别的面香，但不是香精的味道。面条本身非常好煮，煮完后容易吸汁，但是并不会软塌，第一口香而爽滑，很棒。

1 汤汁呈白浊色，喝起来不算浓厚，猪油的味道淡淡的，加入一兰特制辣椒粉，再添一点葱花，和汤汁很搭。刚喝有轻微辣感，喝到最后，辣感越来越重，总之就是很过瘾。

营养成分 × 热量消耗

- Per 116g
- 打手球 1小时

热量 Energy	597kcal
蛋白质 Protein	11.7g
脂肪 Fat	33.2g
碳水化合物 Carbohydrates	62.8g
食盐 Salt	5g

一兰拉面在经营方面实行会员制度，如此店主就会记住所有客人的口味，餐厅的服务十分周到，一般会备有英语、汉语和韩语三种语言的菜单。

2 料包一共有三种，一个粉包，一个油包，一个特制辣椒粉包，很讲究地标注了添加的序号，但可能由于猪油包的缘故，也让整款面的热量偏高。

一兰拉面是由日本一兰推出的，一兰拉面创立于 1960 年的日本福冈县福冈市，是最有名的博多拉面品牌。第一代经营者曾因年龄问题考虑停业，但是因为拉面的美味深入人心，一些常常光顾的客人于是推荐了一位能把这家拉面继续传承下去的继任者，也就是现任社长吉富学。1993 年，一兰拉面的第一家新店重新开张，之后分店也慢慢建立，2012 年，位于福冈县福冈市博多区中洲的总店本社大楼完成，从外望去，三楼到十二楼的阳台悬挂着红色灯笼，非常有日式拉面店的风情。一兰拉面除了日本之外，目前仅在我国香港铜锣湾及尖沙咀设立店铺（2016 年 4 月）。

这款速食拉面是一兰拉面特别推出的拉面手信，面饼属于油炸型，面条经过各种研究以保证其原本的味道和口感，使用了非常稀有的“粉”，以黄金比例配成，面香浓郁，即使不在店里也能尝到一兰口味。汤底加入了去腥后的豚骨，最大限度地带出其味道。料包中有一个一兰特制的红色调味粉，是用唐辛子作为主料并混入各种辛辣料配制而成。

一兰拉面的设计使用黑、绿、红条纹，从店面、服装到速食面包装，一贯传承，深入人心。包装设计简单，仅用一碗一兰拉面作为主图，配以简单的文字信息和一兰商标。

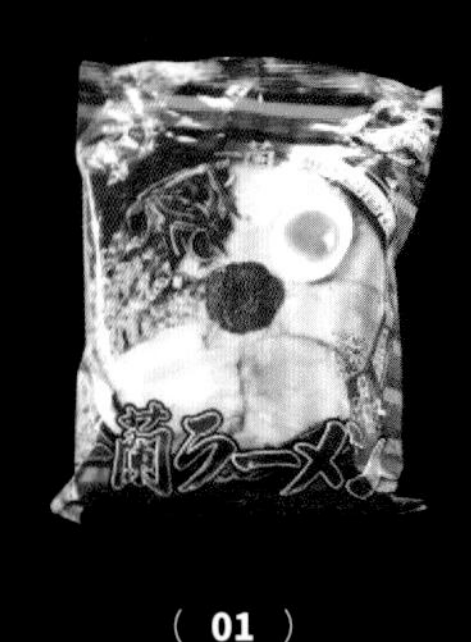

（ **01** ）

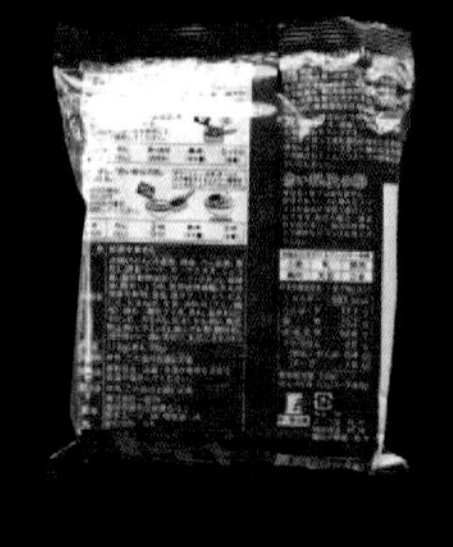

（ **02** ）

食用方法 ◇◇◇◇

❶ 将面饼放入 500ml沸水中，面的软硬请参考以下表格：

超硬面	按实际情况即可
硬面	2分30秒
普通	3分
软面	3分30秒
超软面	按实际情况即可

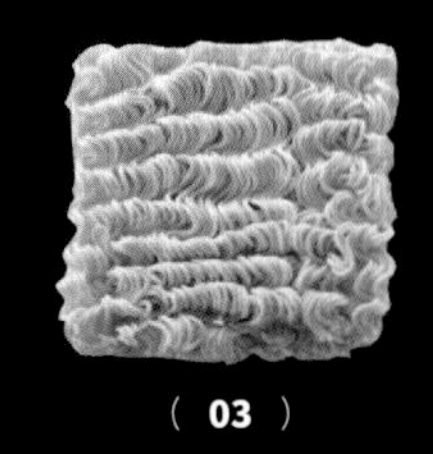

（ **03** ）

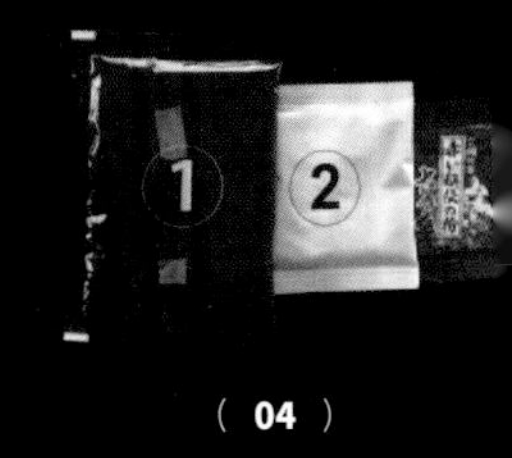

（ **04** ）

❷ 面煮好后，将1号粉包和 2号油包倒入面中即可。2号特制油包使用量请参考以下表格：

无浓度	不加
清淡	按实际情况即可
普通	加入一半量
浓厚	全部加入

❸ 面盛出后，加入特制红色调味粉即可，使用量请参考以下表格：

无辣感	不加
1/2辣感	少加
普通辣感	半份量
2倍辣感	全部加入

老牌日式家庭速食拉面的选择

本场拉面

WithEating! 吃优笔记：

这款面的面条属于细直面，很像中国的挂面，煮出来很容易吸汁，膨胀发软，所以吃起来口感一般，也没有什么特色。

1 汤汁偏清淡，颜色呈黄色，表面的油花很多，所以看起来很油腻，喝起来倒没有那么腻，但也不怎么好喝，蒜的香味很轻。

2 料包有两种，虽然分量很足，但冲出来的效果并不是很好，味道太淡。家庭享用倒是不错，可以做得更丰盛一些，算是比较健康的一款面 。

本场拉面

面条中含有低聚糖和碱水，所以属于碱水面。低聚糖又称为寡糖，是集营养、健康、食疗为一体的新型糖，目前广泛应用于食品、保健品、医疗中，一定程度上可以改善人体微生态环境，有利于双歧杆菌等益生菌增殖，同时又不会使血糖升高，脂肪转化率也很低。

02

（ 01 ）

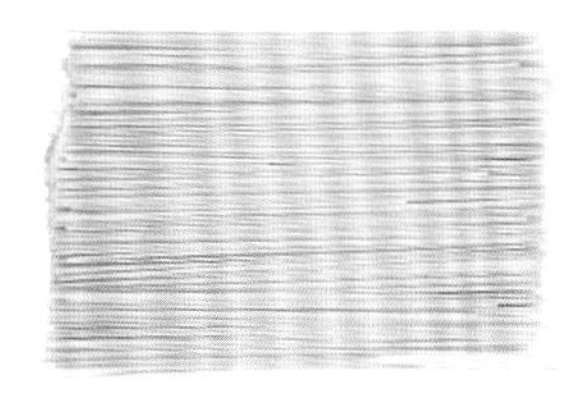

（ 02 ）

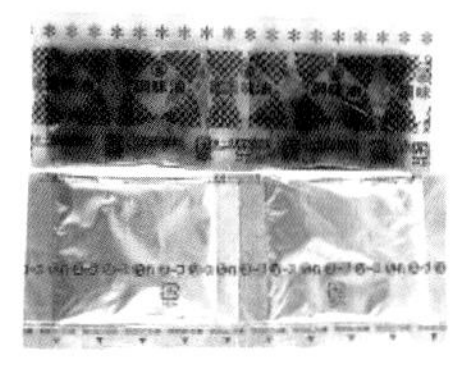

（ 03 ）

食用方法 ◇◇◇◇

面条放入 1000ml沸水中煮约 3分钟，倒入油包和粉包，拌匀即可。

本场即是原产地的意思，翻译过来就是正宗的拉面，面条属于细直面，呈金黄色，汤底主打辛辣大蒜口味，另添加了很多提鲜的材料，比如汤底料包中含有酱油粉末、鸡肉提取物、猪肉提取物、鱼类提取物；调味油中则含有芝麻油、猪油、色拉油等。

这款面的包装设计非常古朴，使用了传统凤凰图案，主色采用黄色和红色，正面的文字信息比较简单，包装的背面除了常规拉面信息，还特别提示这款面的汤料包可以用来做炒饭、炒乌冬、炒面、八宝菜和寿喜烧的底料。

本场拉面是由日本日出制面推出的一款速食拉面，日出制面位于熊本县宇城市小川町，小川町是日本著名的三大糯米生产基地，这里拥有良好的水源和自然环境。日出创立于1933年，于1958年成立公司。主要贩售面粉和拉面等。

TIP 每包 150g

一次彻底了解日式酱油八

东京上野动物园酱油拉面

营养成分 × 热量消耗

- Per 101g
- 跳健身操 1小时

热量 Energy	285kcal
蛋白质 Protein	9.3g
脂肪 Fat	1.7g
碳水化合物 Carbohydrates	58.2g
食盐 Salt	8.4g

WithEating! 吃优笔记：

1 从它的面饼来说就是很普通的日式碱水面，口感偏硬，煮出来根根分明，不容易吸汁，所以没有很特别的地方。

2 从它的料包来说，仅有一包比较浓稠的汤料包，油不是很多，所以冲出来比较清淡，另外料包中的酱油应该是淡口酱油。

3 从它的汤头来说，还是挺咸的，表面油花不是很多，比较清淡，喝起来没什么负担，酱油的味道很浓郁。

东京上野动物园酱油拉面是由藤原制面推出的一款速食拉面。藤原制面于 1948 年在旭川成立。

这款上野动物园酱油拉面使用熊猫脸作为包装设计图案，官网售价为 171 日元，与之同系列的还有札幌圆山动物园白熊盐味拉面和京都动物园猩猩酱油拉面等。

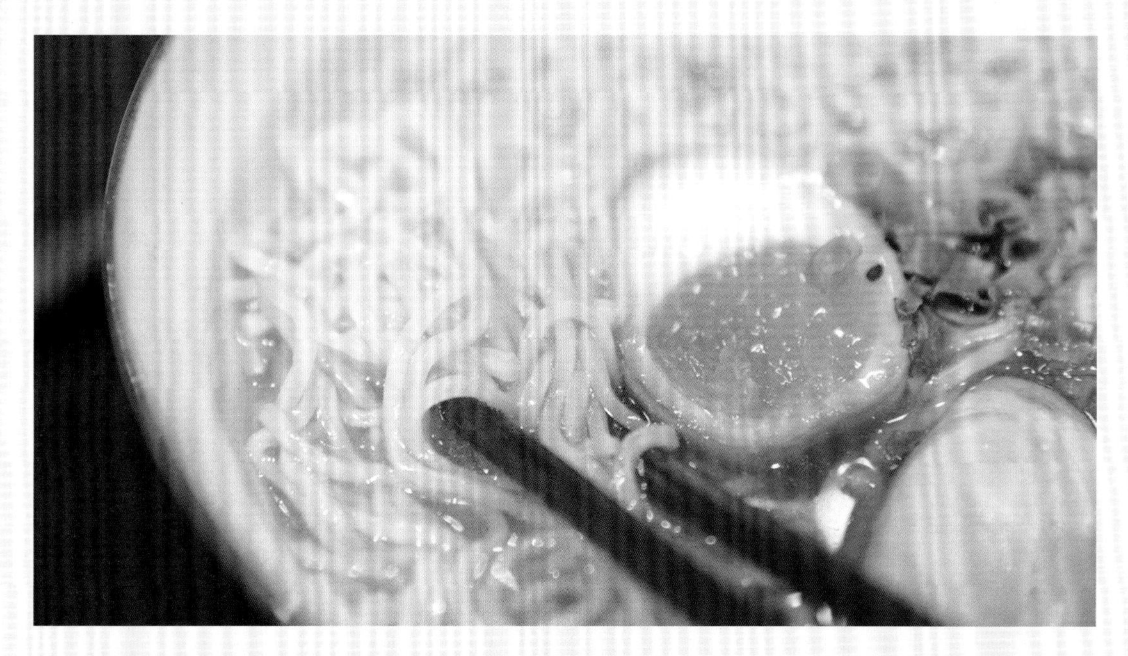

上野动物园全称“东京都恩赐上野动物园”，位于日本东京都太东区的东京都立动物园，自1882年3月20日开放，是日本最古老的动物园，其中来自中国的熊猫是园内最有名的动物之一。1972年，熊猫“カンカン”及“ランラン”作为中日建交礼物进入上野，1986年熊猫“トントン”诞生。1992年，7岁的雄性熊猫陵陵作为中日邦交正常化20周年纪念礼物入园，2008年，22岁零7个月的陵陵去世，它也是日本最高龄的熊猫。

这款拉面主要是作为上野动物园的手信而存在的，所以很多人都会购买，部分贩售利益也会捐赠，作为协助保护熊猫的基金。像在日本，这种用速食面作为周边产品的方式并非只有这个系列，每个地方都会将当地特产，比如调味料、面粉或者风味物产融入其中。

日本酱油简单来说，分为淡口和浓口，根据资料记载，1666年出现淡口酱油的记载，1697年则出现浓口酱油，明治之后，浓口渐渐成为主流。细分的话，按照颜色由淡至浓为：白酱油、淡口酱油、甘口酱油、浓口酱油、甘露酱油和溜酱油。

白酱油：原料为小麦，酱体的颜色浅、味道淡、甜味明显，保质期较短，以日本爱知县生产的最为有名。

溜酱油：江户时代中期以前所说的酱油都是指溜酱油，它的味道浓郁，风味独特，所以常用来搭配刺身、寿司、照烧等食用。

甘露酱油：味道甘甜，酱体色泽浓厚，以山口县为中心的山阴、九州等地出产的最为有名。

浓口酱油：在日本产量最多，平时所说的酱油即为浓口酱油。

淡口酱油：颜色清淡，比浓口要咸很多，多用于汁物、煮物、乌冬面等，京都料理最偏爱使用淡口酱油。

(01)　(02)

(03)　(04)

食用方法 ◇◇◇◇

❶ 将面饼放人 600ml沸水中煮约 4分 30秒。❷ 面煮好后，关火，将料包冲人面中，拌匀即可食用。

拉面职人半个世纪的研究，浓缩一碗博多风味

稗田的博多豚骨拉面

WithEating! 吃优笔记：

这款面的料包非常丰富，一共有四种，一包汤粉包，一个干燥蔬菜包和两种油包，每种的分量都很足。对于不会做饭的人来说，拥有了这些底料，也能轻松做出一碗特别正宗的博多风味拉面。

1 汤底呈现浓稠均匀的奶白色，这是强火炖猪骨炖出的骨胶，喝起来十分浓厚，肉香十足。

2 面条采用 Marutai 最擅长的棒拉面，也就是圆润的细直面，使用高筋面粉手工制作，所以吃起来筋道又爽滑。面条非常耐煮，煮完之后根根分明，即便放了近四个小时，加热食用也不会软塌。

稗田的博多豚骨拉面是由日本 Marutai 推出的一款速食拉面，主打博多豚骨风味，跟其他日式拉面不同，这款拉面是由拉面职人稗田藤美特别制作，并以此作为这个系列的宣传噱头。

食用方法 ◇◇◇◇

❶ 面条放入 500ml沸水中煮约 1分 30秒。❷ 面煮好后，关火，将四种料包倒入锅中，拌匀盛出即可。

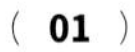

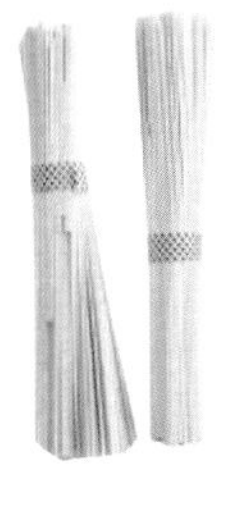

(02)

稗田藤美生于 1940 年，坚持研制棒拉面已有 40 余年。

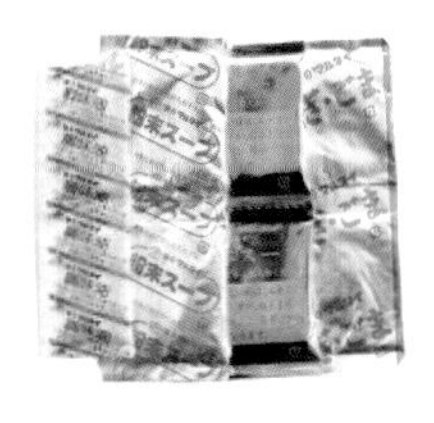

(04)

面的包装使用亮银色作为主色调，基本信息标明。这款面属于泰明堂稗田系列，而这个系列自昭和三十四年（1959 年）推出，至今已有半个多世纪制作棒拉面的经验了。其中面条属于细直面，汤底采用猪骨浓汤，添加了芝麻和大葱提香，并且印有稗田藤美的签名和印章。

这款拉面和其他博多豚骨速食拉面不一样的地方在于，它的料包非常丰富，一共有四种，且每种的份量都很多。干燥蔬菜包中含有芝麻和葱花；汤料包中含有猪骨、鸡骨浓缩和蔬菜等，其表面有文字提示，低温时油包容易凝固，使用前可稍微加热融化，需在面煮好后加入；粉包中含有各种蔬菜浓缩粉和其他提鲜浓缩粉；调味油呈白色黏稠状，闻起来非常香。

营养成分 × 热量消耗

○ Per 270g
○ 游泳 2小时

热量 Energy	958kcal
蛋白质 Protein	43.8g
脂肪 Fat	33g
碳水化合物 Carbohydrates	121.2g
食盐 Salt	13.8g

棒拉面是一种类似于挂面的面食品种，Marutai 是日本著名的棒拉面生产品牌，由 Marutai 推出的九州系列拉面及一些日本地区风味拉面的面体均采用了棒拉面的形式。由 MARUTAI 推出的速食拉面一直备受拉面爱好者的好评，稗田的博多豚骨拉面官网售价 470 日元，如果想尝试日本博多拉面，不如就来试试这一款面吧。

>重口味的美味拉面<

僵尸熊拉面

僵尸熊拉面是由旭川制面有限公司推出的一款速食拉面，主打僵尸熊主题。非常有特色的一点是它的面条呈蓝色，虽然冷色调的食物会给人一种没有食欲的感觉，但是吃过这款面的人都觉得很棒。僵尸熊拉面目前仅在北海道地区出售，是一款汤底为盐系的地方拉面。

01

02

WithEating! 吃优笔记：

1 这款面是以低温高湿长时间熟成的干燥面，所以面体不宜损坏。面粉中加入了小麦蛋白和碱水，吃起来略有碱水面的干涩感，但是弹性十足。不过与其他日式拉面相比，这款面的面条口感还是偏软，总体来说很普通。

2 汤底中加入了酱油、生姜、味噌、猪肉和鸡肉等成分，表面浮有少许油花，第一口很鲜，但是也比较咸，另外汤底和面饼中都有添加栀子蓝色素调色，算是比较特别的一点吧。

3 一共只有一包料，包装上印有僵尸熊的头像，酱料的分量很足，呈蓝色，里面含有少许固体油脂。

营养成分 × 热量消耗

- Per 120g
- 跳健身操 1小时

热量 Energy	262kcal
蛋白质 Protein	9.8g
脂肪 Fat	4.6g
碳水化合物 Carbohydrates	45.2g
食盐 Salt	7.4g

(01)

(02)

这只变成僵尸的小熊出生于北海道小樽，为了寻找会喜欢自己的主人而到处散步，但因为它是路痴，所以经常被骗，好在运气不错，总是能化险为夷。和别的吉祥物不一样，僵尸熊的皮肤是蓝色的，舌头外露，身上还有许多疤痕，常常会拿着自己的肠子玩，样子和行为虽然可怖，但是细细端详又会觉得它憨厚可爱，所以，僵尸熊在网上的人气很高，还建立了自己的博客主页，用于分享自己的日常，另外，僵尸熊还参演过日本动画电影。

小樽：位于日本北海道中央区域，是一座重要的港口城市，这里的历史悠久，因此城内能看到很多古建筑和传统风俗文化。

其实北海道新干线沿线的吉祥物都特别有意思，比如拥有奇怪瞳孔的北斗市的吉祥物“寿司北极贝”、以毒舌著称的长万部町的吉祥物“万部君”、小樽非公认吉祥物“僵尸熊”、呲牙咧嘴的札幌非公认吉祥物“时针 Guy”等，一路下来，给人一种冒险的感觉。

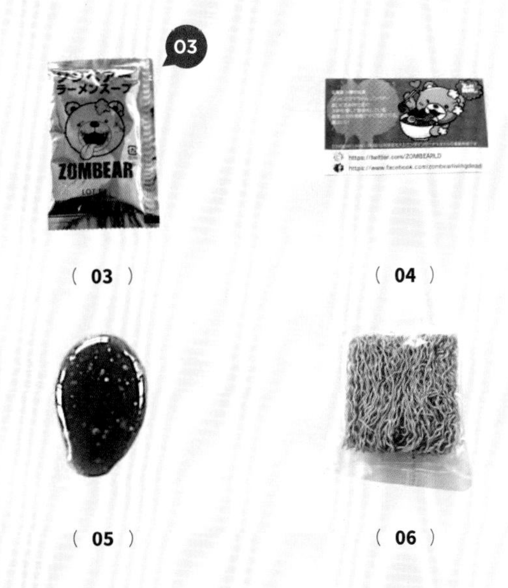

(03)　(04)

(05)　(06)

食用方法

❶ 将面饼放入 600ml 沸水中煮约 3 分钟后，开始轻轻搅散，再继续煮约 2 分钟。❷ 面煮好后，关火，将料包倒入面中，充分拌匀即可。放入汤碗中，拌匀即可食用。

＞200年制面老店的新尝试＜

拉面假面

WithEating! 吃优笔记：

1 这款拉面的面条是细直面，属于非油炸的生面，所以吃起来不像一般的油炸速食面。因为这家店招牌就是“手打素面”，所以这个功力还是能够在面中吃出来的，煮出来不会软塌，吃起来口感也特别好。

2 汤头的味道过于清淡，虽然加入了猪骨和鸡骨调味，但其实并没有什么味道。和素面搭配，感觉还是浓汤比较适合一些。

3 这款面仅有一个调味料包，但分量蛮多的。

日本拉面的汤底一共有四种派别：骨汤系，酱油系，味噌系，盐系。骨汤系就是以鸡骨和豚骨为主，这款面属于骨汤系，汤底中加入了鸡精、鸡油、猪肉提取物、酱油、植物油、味淋等调味，都是一些健康的成分，所以整碗面吃起来感觉很不错。

拉面假面是由日本长尾制面有限公司推出的一款速食面。它的包装上画有一个假面飞人，身上有鱼饼图案，旁边的信息说明，这款面是豚骨加鸡骨口味的直面，并标有Slocan：小小的幸福，一个人吃。包装使用的是比较糙的毛边纸，摸起来很有质感。从设计到包装，也是这款拉面的一个特色。长尾制面是一家拥有 200 年历史的制面老店，以『手打素面』最为有名，店址位于福冈县吉井町，这里拥有干净的水质，所以拉面假面的另外一个宣传噱头就是使用干净的水。

（ 01 ）

（ 02 ）

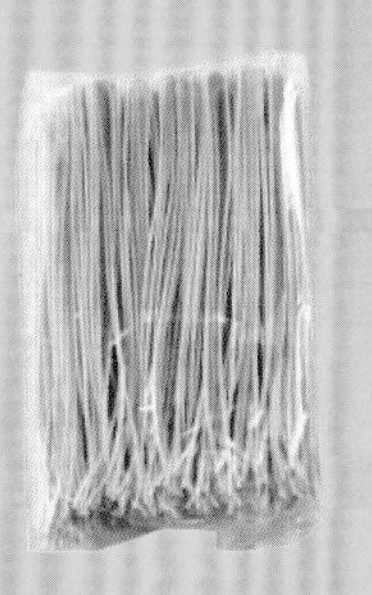

（ 03 ）

（ 04 ）

食用方法

❶ 面饼放入 500ml沸水中煮约 2 分－ 2分30秒。❷ 面煮好后，关火，冲入汤料，拌匀即可食用。

TIP 每包150g

>简单挂面，多种吃法<

中华面

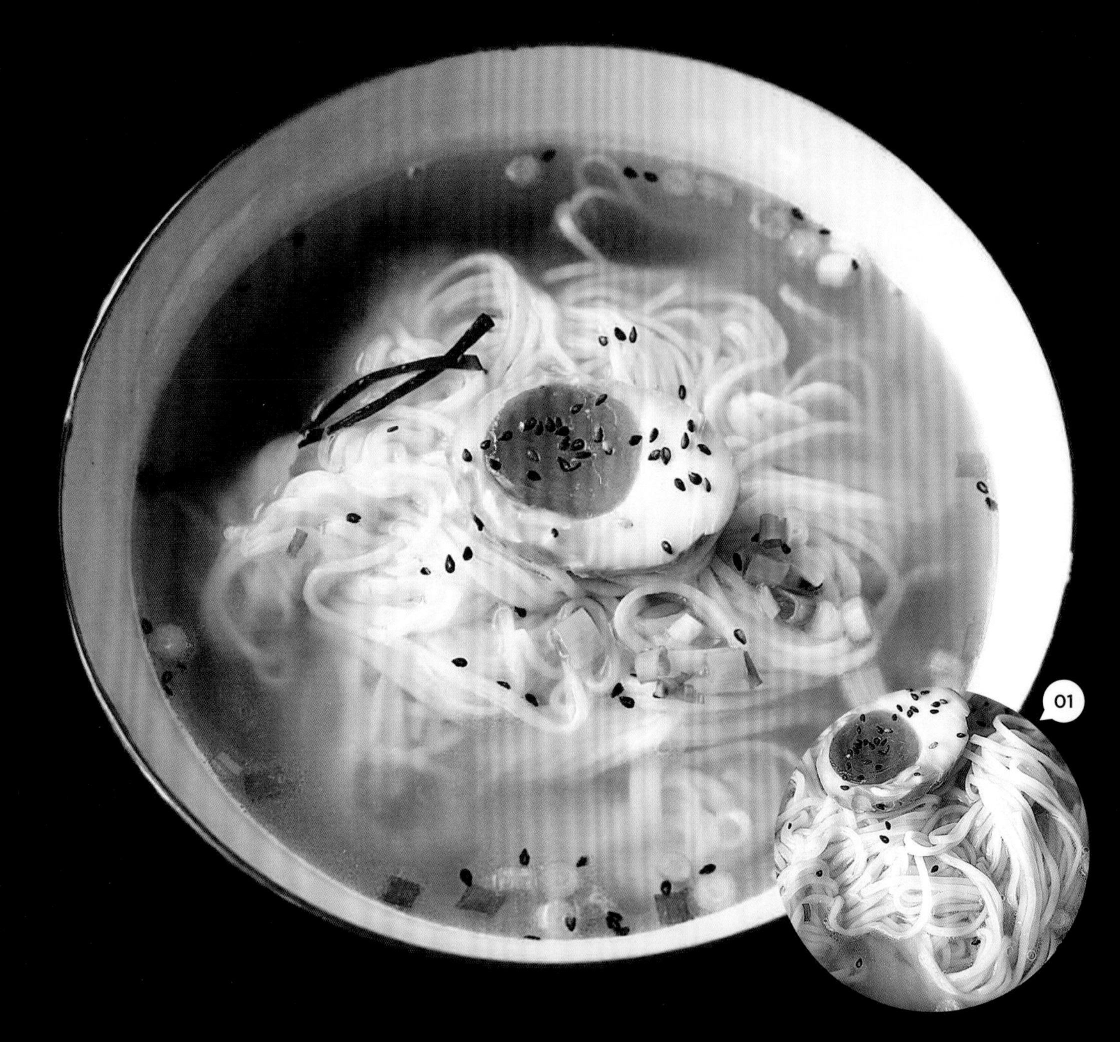

WithEating! 吃优笔记：

1 这款拉面和中国的挂面是一样的，唯一的区别就是料包不一样，面条属于非油炸细直面，非常容易煮熟，也很容易吸汁，所以煮的时候需要控制好时间，面的分量也很足，这样一包面够三个人食用。

2 汤料包分量很足，是日式盐系汤底，汤汁清澈不油腻，看着很健康，吃起来家常味十足，但缺点就是味道太单一了。

中华面是由西村制面株式会社推出的一款中国风的日式拉面。西村制面株式会社坐落在茨城县筑西市，于1866年创立，主营大麦面条、乌冬面、荞麦面、意面和冷面等面制品。这款中华面有四种口味：酱油味、盐味、味噌味和中华冷面，售价均为410日元。

在中华面的制作过程中，因为加入了碱水和盐，小麦粉的蛋白质会发生变化，因此面条会产生独特的香气，并呈微黄颜色，面条本身也更筋道一些。

这款盐味中华面主打怀旧、简洁特色，因此面条和调味料都比较简单。一包面中有三人份的面条，附三个汤包，面条是由小麦粉、碱水、食盐制成的，汤包中含有食盐、酱油、猪肉鸡肉提取物、大蒜和洋葱等成分。

正因为是非常简单的面，所以可以利用自己的想象力，以多种吃法干掉这包面。

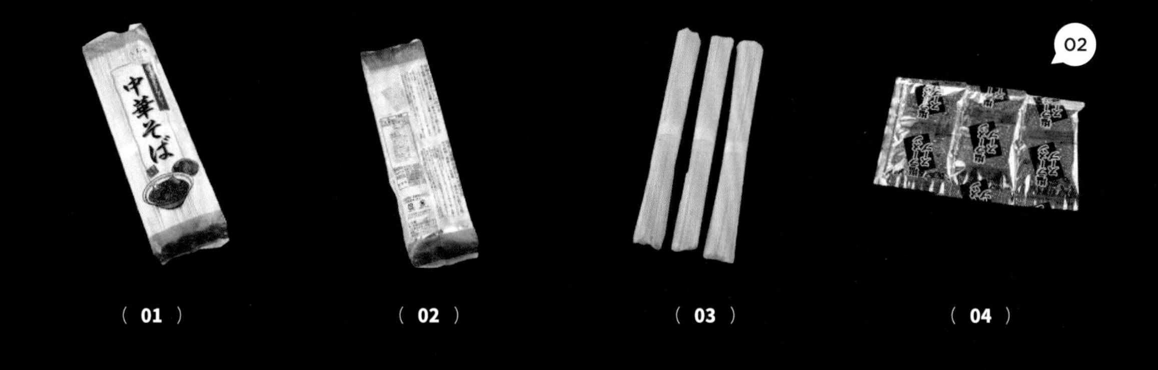

(01)　(02)　(03)　(04)

食用方法

中华面

❶ 在锅中将水煮开，放入面条，等到水再次沸腾时转小火煮 3－ 4分钟，将面捞出。❷ 根据自己的口味倒入面汤和汤包进行调味，可加入鸡蛋、叉烧、蔬菜等食材一起食用。

中华冷面

❶ 在锅中将水煮开，放入面条，待水再次沸腾时转小火煮 2－3分钟，等到面煮到没有硬芯后捞出。❷ 将面捞出，用冷水清洗多次。面捞到碗中，将碗放在冰块上冰镇，面汤冰镇。❸ 根据自己的喜好加入鸡蛋、黄瓜丝、胡萝卜丝、苹果丝等配菜食用，以胡椒和汤包调味。

TIP 每包270g

昭和古早风味，简单的日本人气拉面

企鹅家庭拉面

WithEating! 吃优笔记：

这款拉面的外包装看着虽然很普通，但其实是日本昭和时代的风格。面条非常软，不耐煮，按照规定要求的两分钟煮制时间来说，有点长了，可以稍微减少一点时间。

1 汤头非常鲜美，特别好喝，外包装看着其貌不扬，没想到汤头让人这么惊艳，不愧是日本畅销的拉面系列。

2 料包只有一个，不是很丰富，但是里面添加的材料很多，足以撑起整碗面。

企鹅家庭拉面是由阳光水族馆和麒麟拉面的小笠原制粉合作推出的一款速食拉面，主打海鲜风味。小笠原制粉株式会社位于日本爱知县，于明治四十年（1908 年）创立，以制作面粉及拉面闻名日本。

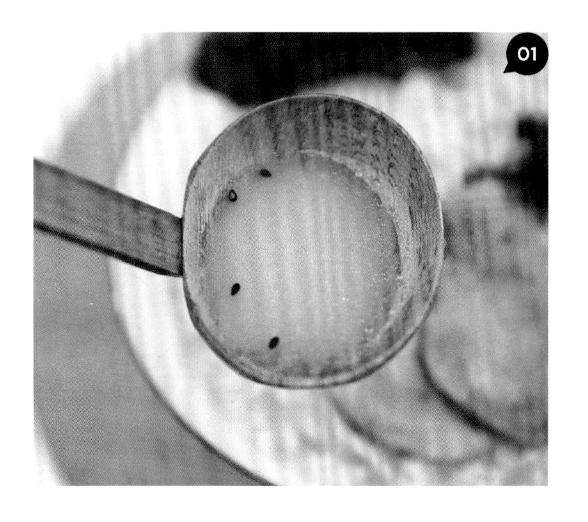

营养成分 × 热量消耗

- Per 92g
- 打网球1小时

热量 Energy		414kcal
蛋白质 Protein		9.7g
脂肪 Fat		17g
碳水化合物 Carbohydrates		55.7g
食盐 Salt		6g

企鹅家庭拉面的包装主色调采用蓝色，封面文字信息简单，也没有特别的装饰，背面仅有常规拉面信息，整体略带昭和时期的古早风格，看着很朴实，却是日本的人气速食拉面，2012 年刚上市时是期间限定商品，后来因为人气太高，所以改为日常贩售。与之同系列的还有长颈鹿拉面、水豚拉面、海豚拉面、海豹拉面等，其中长颈鹿拉面的历史最早，于 1965 年开始贩售，1995 年曾一度停售，2002 年又再次回归，口味分为：味噌、酱油及盐味。水豚拉面则是柚子风味的酱油拉面，海豚拉面是豚骨风味拉面，海豹拉面是芝麻酱油风味拉面…… 这一系列拉面的包装其实大有来头，因为很多地方的拉面包装图案必须使用原食材，而这些拉面“公开”使用动物作为图案，确实引来不少争议，之后官方还专门出过相关的解释。

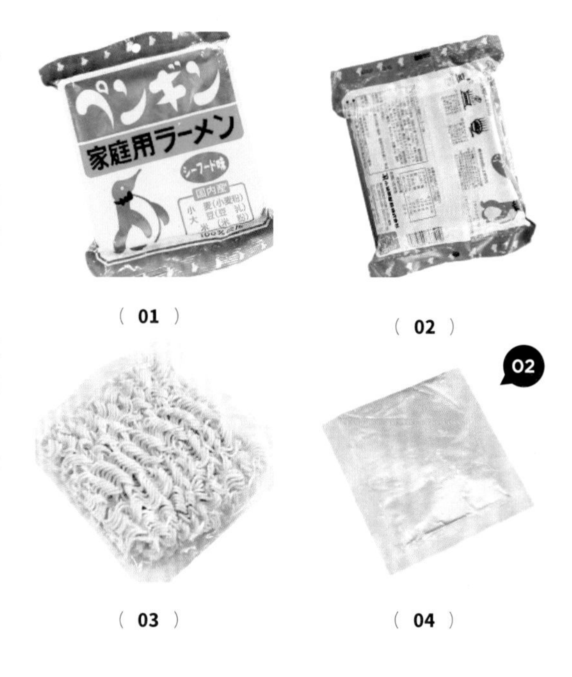

(01) (02)

(03) (04)

食用方法 ◇◇◇◇

❶ 面饼放入 450ml沸水中煮约2分钟。❷ 面饼煮好后，倒入料包，拌匀即可。

昭和时代：1926 年 12 月 25 日 – 1989 年 1 月 7 日。“二战”之后，日本逐渐进入空前繁荣时期，不仅经济发展，文化艺术同样百花齐放，以至于到现在，日本人都时常怀念那个美好的时代。

企鹅家庭拉面 100% 使用国产小麦、大豆和米，面饼采用低油炸型。

>日本酱油拉面文化<

葱曼拉面

TIP 每包124g

葱曼拉面是由日本吃过一万多种泡面的大和一郎推出的一款速食拉面。这款面仅在鸟取县发售，主打浓香鸡油盐味大葱（白ねぎ）汤底。
这款拉面的汤底中加入了鸟取县产的“伯葱露”酱油，伯葱露酱油中添加了鸟取县西部产的大葱，葱香浓郁，能够很好地激发出汤底的味道。

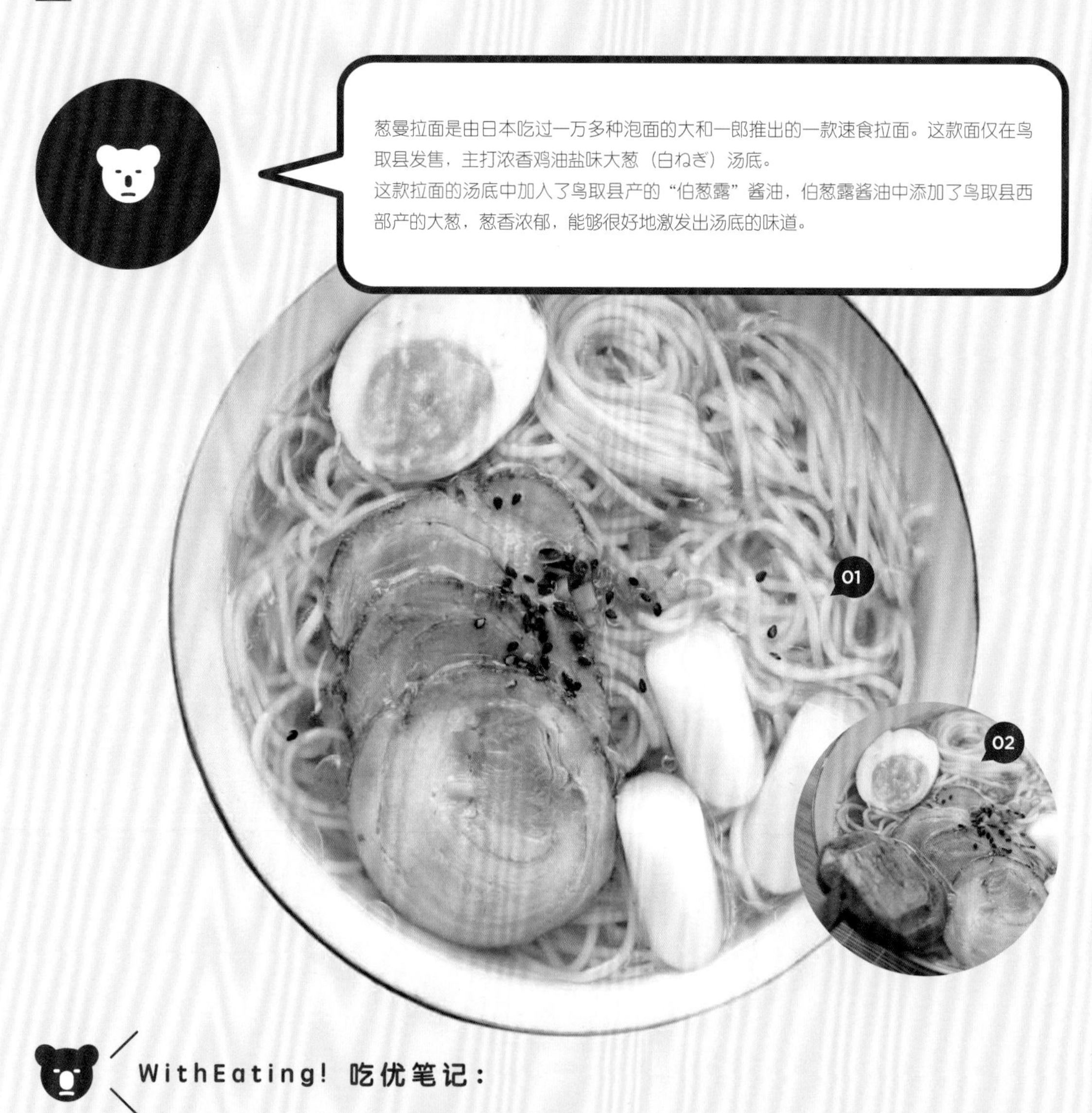

WithEating! 吃优笔记：

1 这款面的面条属于细直面，是用日本本土产的拉面专用小麦制作而成。面条本身没有葱味，吃起来很爽滑。

2 汤底中加入了鸟取县特产白葱，汤底薄而清澈，表面浮有少许淡黄色油脂，喝起来清爽不油腻，其中的酱油和鸡油的味道也比较淡。

3 料包一共有两个，一个汤料包，一个伯葱露酱油包，这个伯葱露酱油包还没打开就能闻到浓浓的大葱味，但是冲入汤底中后，吃起来并没有很浓的葱味。

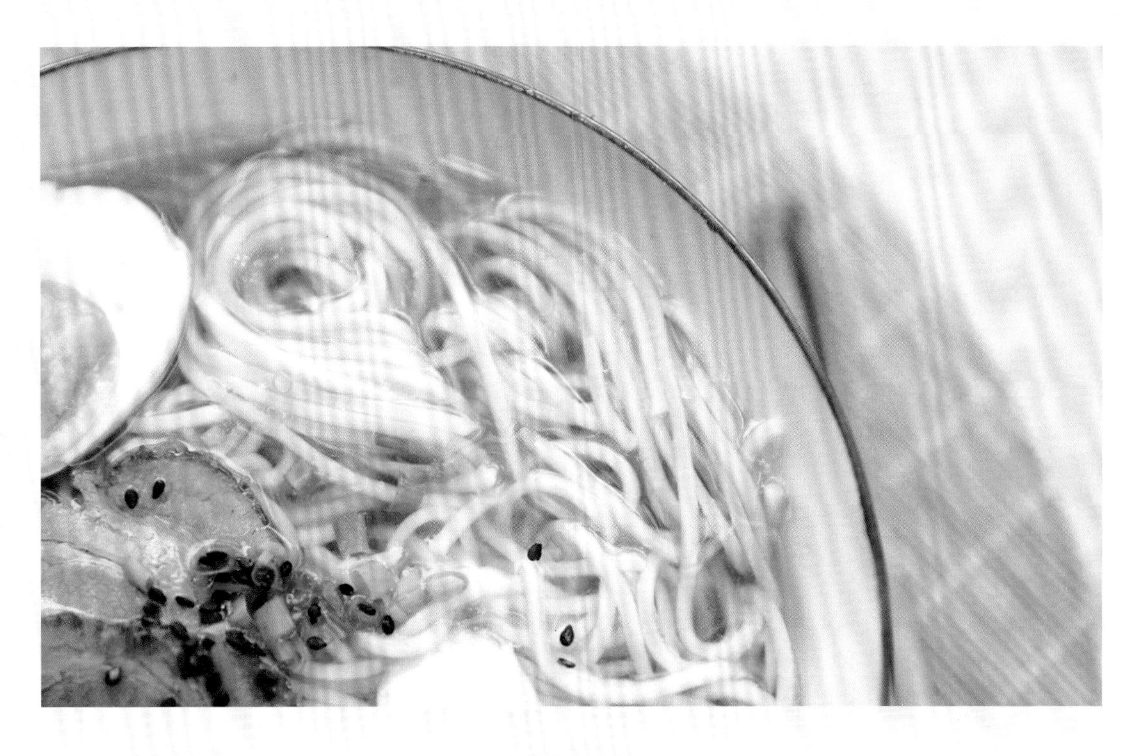

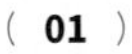
(01)

(02)

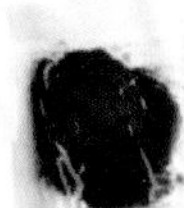

(03)

鸟取县是日本本州西部临日本海的一个县，地小人少，是日本唯一一个拥有沙漠的县，这里盛产梨、西瓜、富有柿、松叶蟹等，也是《名侦探柯南》作者漫画家青山刚昌的故乡。说起鸟取县，比较有意思的是，它的吉祥物是一个拟人化的大葱，设计灵感来源于鸟取县的特产“白葱”。葱曼的形象被设计在这款拉面包装的正面，乍一看略显鬼畜，鸟取县曾专门为这位“葱曼”拍摄了大型特摄片——《葱曼的秘密基地》。因为鸟取县的面积太小，所以经常被忽略或者同自己的临县——岛根县搞混，以至于鸟取县曾经为了纠正大家的错误，直接把自己的宣传口号改为“鸟取在岛根的右边！”，当然之后岛根县也不甘示弱，直接推出新口号“岛根在鸟取左边！”，如此任性的鸟取县，竟然让人感到莫名地喜欢。

日本拉面中酱油风味最多，汤底主要分为：骨汤面、清汤面、酱汤面、酱油汤面。其中酱油汤底的拉面主要是用酱油调味，根据不同的配方，汤汁可清可浊，味道也是可浓厚可清淡。酱油种类主要分为：浓口酱油、盐分高且颜色淡的淡口酱油、味噌制成的溜酱油、用生抽油制成的甘露酱油等。其中佐以不同的提鲜食材，则呈现不同风味：有浑厚型的豚骨酱油汤底、清澈型豚骨酱油味、半透明型鸡骨酱油味、浓厚型鸡白酱油味等。

食用方法 ◇◇◇◇

❶ 面饼放人 800ml 沸水中煮约 3 分钟。❷ 汤料包放人 250ml – 300ml 沸水中，搅拌均匀。❸ 面条煮好后，沥干水放人汤底中，再倒人伯葱露包，拌匀即可。

家常的味道最诱人

福冈番茄拉面

02

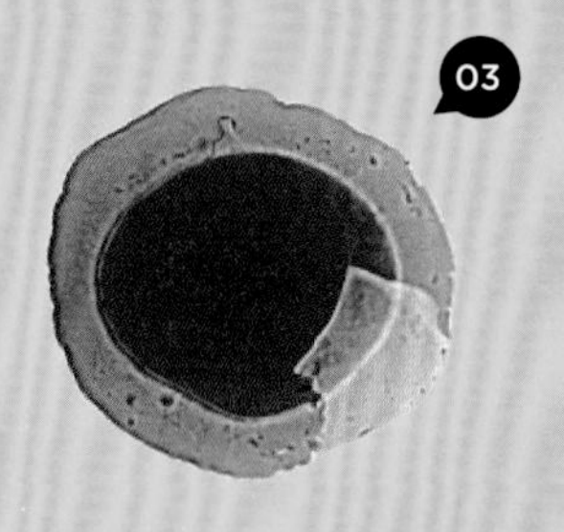

03

01

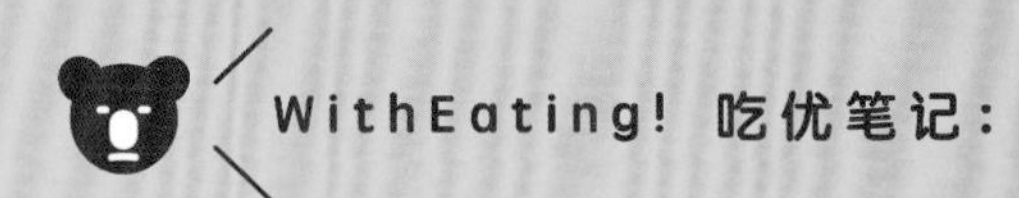

1 面条很耐煮，吃起来非常爽滑。

2 汤汁看着薄而清澈，油花很少，属于比较清淡的一款汤底，但是番茄味非常浓郁。

3 料包仅有一个，是比较稀的液体汤包。

福冈番茄拉面是由日本小林制面有限公司推出的一款速食拉面。和桃太郎番茄拉面一样，这款福冈番茄拉面使用的也是桃太郎品种。

TIP 每包140g

食用方法 ◇◇◇◇

❶ 面条放入 500ml 沸水中煮约 3 分钟。❷ 煮面的同时，将料包放入碗中，冲入 270ml 沸水，将沥干水的面拌入其中即可。

（ 01 ）

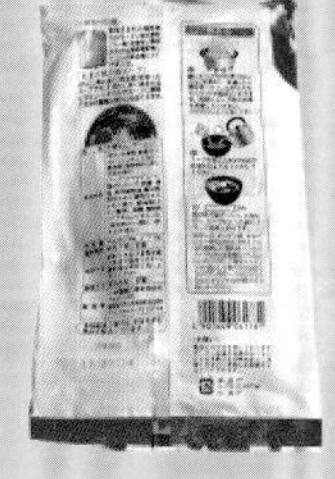

（ 02 ）

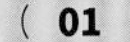

（ 03 ）

不同于桃太郎番茄拉面的设计，这款面的包装更加正式一些，正面使用了番茄的照片作为主图，文字信息标明这款面使用了福冈本地产的拉面专用小麦。这种小麦粉同时也被其他比较有名的拉面使用，比如博多、一兰拉面等。整包面只需要煮三分钟就可以享用。背面除了常规的拉面信息，还有专门的面饼和桃太郎番茄的介绍，其中桃太郎使用的是当地农协会生产的，汤汁口感醇厚微酸，面饼是典型的细直面，看着家常感十足。打开后，附带一张食用说明书，上面写明这款面的冷热两种做法。冷面适合夏天食用，热面则更能激发出番茄的浓郁味道，另外还有贴心提示：吃完面后可以拌入米饭和芝士粉食用。

拉面共和国中的畅销面

札幌白桦山庄味噌拉面

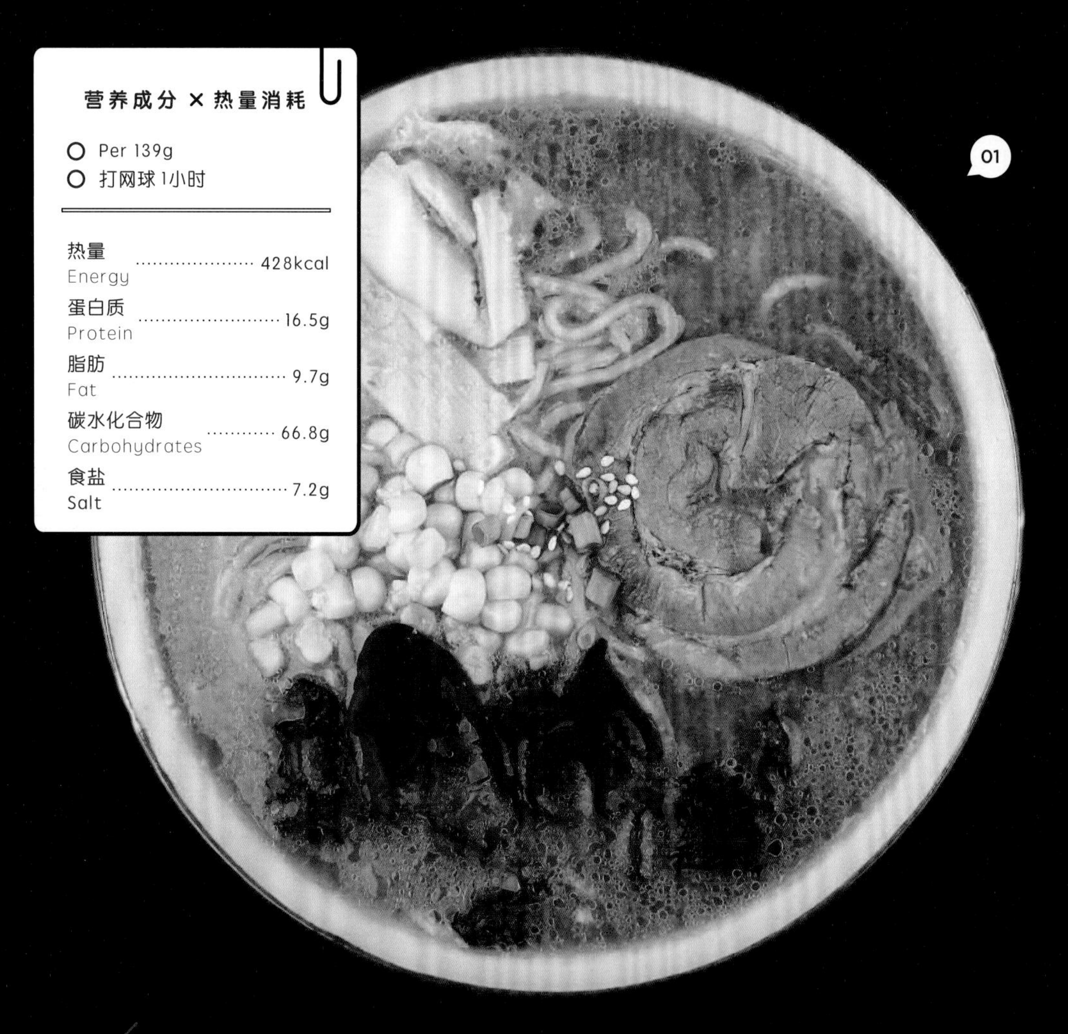

营养成分 × 热量消耗

- Per 139g
- 打网球1小时

热量 Energy	428kcal
蛋白质 Protein	16.5g
脂肪 Fat	9.7g
碳水化合物 Carbohydrates	66.8g
食盐 Salt	7.2g

01

WithEating! 吃优笔记：

02

1 从它的面饼来说，这款面是微卷毛面，不适合干吃，口感比较爽滑。

2 从它的汤头来说，调料只有一包味噌酱，是整碗面的精华，味道很浓厚，层次也比较丰富，酱油味比较重，有一点辣感，但是偏咸，总的来说，吃起来很像在店里吃的拉面而不是速食面，另外里面有很多发酵物，很健康。

想找日本最好吃的拉面，就得去北海道地区。北海道拉面以酱油、味噌、盐味三种口味为主。最初是盐味占主流，后来则发展成以札幌拉面为代表的味噌味拉面为主流了。

札幌拉面与喜多方拉面(喜多方ラーメン)、博多拉面(博多ラーメン) 并列为日本三大拉面。“白桦山庄”则是札幌拉面中十分有名的拉面品牌，实体店铺位于北海道著名的拉面集结地——札幌拉面共和国，广场内集合了8间目前北海道人气最高的拉面名店，除了札幌白桦山庄，还有函馆あじさい、旭川梅光轩、江别银波露等，这里每年都会举行最受欢迎的拉面评选活动，并收集食客的评价反馈，用以激励各家店铺革新和进步。

地址：札幌车站旁 ESTA百货10层，坐到 JR札幌站之后步行约 3分钟即可到达。

“白桦山庄” 创始人菅沼省吾因为对拉面抱有一腔热血，所以毅然辞职投入“拉面事业”，在无数次的尝试后，最终建立了“白桦山庄”这个拉面品牌。“札幌白桦山庄味噌拉面”是“白桦山庄”出品的一款速食面，主打浓郁味噌口味，为了丰富汤底的口感，加入了猪油、生姜、辣椒和花椒等。拉面使用低温冷冻干燥，减少营养成分的损失，保持发酵物的活性。非油炸面饼未经过油炸过程，更加营养健康。

(01)

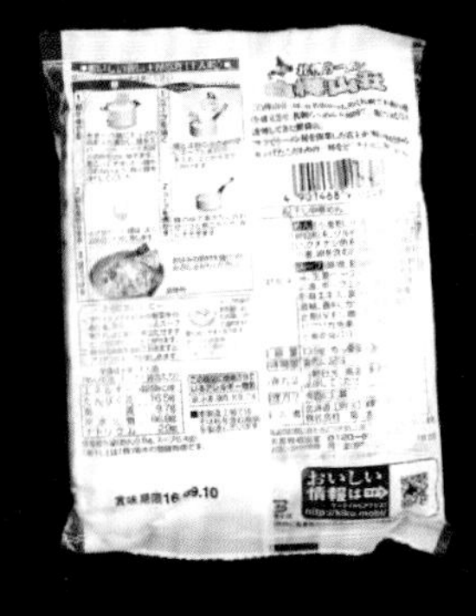

(02)

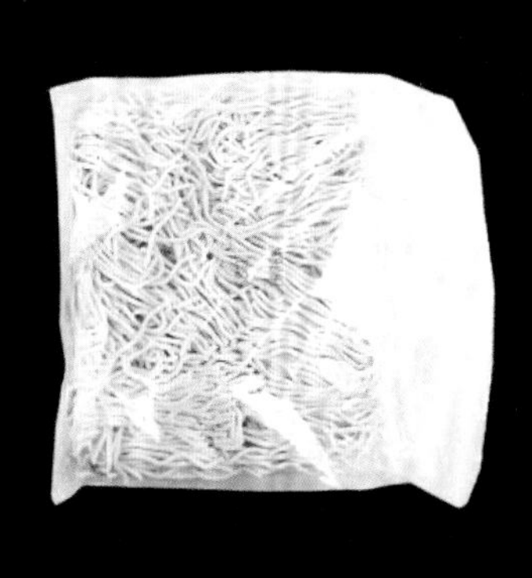

(03)

食用方法 ◇◇◇◇

❶ 面饼放入 500ml沸水中煮约 3分钟。❷ 面煮好后，倒入料包，再继续煮 1分钟即可。

TIP 每包150g

\/一碗黑色汤汁的深情奉献/\

富山黑拉面

WithEating! 吃优笔记：

1 这款面的面条属于细面，口感偏软，但是煮出来不会塌掉，这个软度非常吸汁，所以吃起来很不错。

2 汤头不是很咸，黑胡椒的味道不算太重，有一点辣感，能尝出酱油的味道，汤汁表面浮着少许油花，给整碗汤增加口感又不会太腻，就是颜色有点不诱人。

3 料包一共有两个，一个酱包，一个汤粉包。

近些年，将富山黑拉面再次推向全日本的大概就是富山市最有名的拉面店——面家iroha了。这家店在黑拉面汤头中加入了秘制成熟黑酱油，再加入鸡骨和水产类调味，在全日本拉面聚集活动中，曾经连续三年取得“东京拉面展示会”的第一名，着实为富山黑拉面争了一口气。

营养成分 × 热量消耗

- Per 120g
- 中度有氧运动 1小时

热量 Energy	360kcal
蛋白质 Protein	13.8g
脂肪 Fat	6.1g
碳水化合物 Carbohydrates	62.3g
食盐 Salt	7.3g

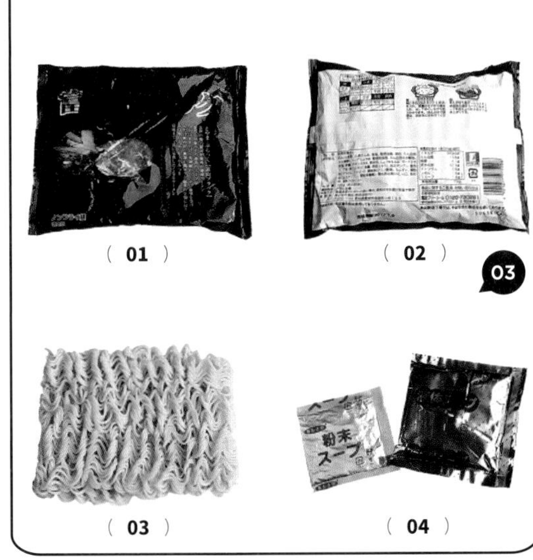

(01) (02) (03) (04)

03

富山黑拉面是日本富山推出的一款极具地方特色的速食面，主打浓烈黑胡椒风味。富山县是日本本州的一个县，临日本海，这里盛产稻米、郁金香、鳟寿司、白海老、萤乌贼、和牛等。

白海老：每年 4 月到 11 月在新凑海域捕获的白虾。

富山黑拉面是富山县富山市的特色拉面，这款拉面曾经多次出现在日本的综艺节目中，因为漆黑的汤头，当时赚足了眼球。富山黑拉面之所以“黑”，据说是因为 1955 年左右的时候，富山市中心曾有大规模的空袭后的重建工作，当时有不少年轻人从事着重度劳作，大量的流汗导致身体内盐分流失，于是，为了帮助这些年轻人补充体内盐分，拉面店就在汤头中加入高浓度的酱油，之后经过各种演变，就形成了这种黑拉面。

食用方法 ◇◇◇◇

❶ 面饼放入 500ml 沸水中煮约 3 分钟。❷ 面煮好后，关火，将料包倒入面中，拌匀即可食用。

飞鱼这么可爱，怎么可以吃飞鱼

飞鱼金袋拉面

营养成分 × 热量消耗

- Per 248g
- 慢跑 1小时

热量 Energy	620kcal
蛋白质 Protein	12g
脂肪 Fat	4.8g
碳水化合物 Carbohydrates	54.7g
食盐 Salt	6.4g

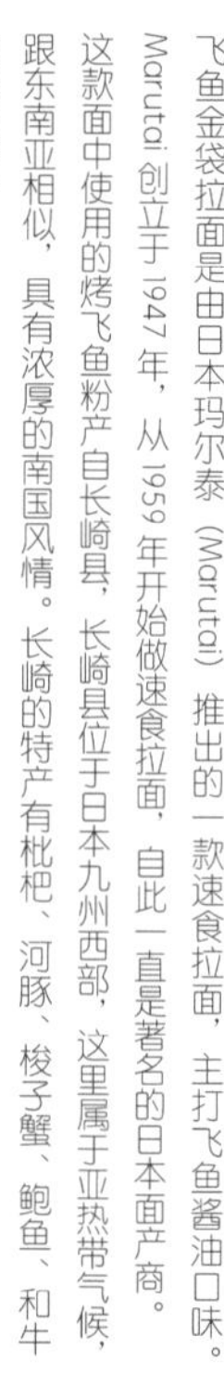

飞鱼金袋拉面是由日本玛尔泰（Marutai）推出的一款速食拉面，主打飞鱼酱油口味。Marutai 创立于 1947 年，从 1959 年开始做速食拉面，自此一直是著名的日本面产商。这款面中使用的烤飞鱼粉产自长崎县，长崎县位于日本九州西部，这里属于亚热带气候，跟东南亚相似，具有浓厚的南国风情。长崎的特产有枇杷、河豚、梭子蟹、鲍鱼、和牛和飞鱼等。

WithEating! 吃优笔记：

1 面条属于细直面，很耐煮，吸汁但是不软塌，吃起来感觉很健康。

2 料包一共有三种，算是日式拉面中比较丰富的了。一个是摸起来略浓稠的干燥酱包，一个是干燥葱包，还有一包笋干。

3 汤头中虽然冲入了比较浓厚的酱包，颜色呈深浊色，但味道清淡，飞鱼的鲜味不是很重，总体来说吃起来还不错。

食用方法 ◇◇◇◇

❶ 将面条放入 500ml 沸水中煮约 2 分 30 秒。❷ 关火后，将酱包倒入锅中，搅拌均匀。❸ 盛出后，将干燥蔬菜包倒入面中即可。

飞鱼以“能飞”著名。其外貌长相奇特，胸鳍特别发达，像鸟类的翅膀一样。长长的胸鳍一直延伸到尾部，整个身体像织布的长梭。凭借自己流线型的优美体型，飞鱼可以在海中以每秒 10 米的速度高速运动。它能够跃出水面十几米，空中停留的最长时间是 40 多秒，飞行的最远距离有 400 多米。飞鱼经常在海水表面活动，成群地在海上滑翔，形态像鲤鱼，鸟翼鱼身，背部有青色的纹理，因为它的背部颜色和海水接近，所以一般很难看清楚鱼群。日本人是有吃飞鱼的习惯的，比较常见的是寿司上面覆盖厚厚的一层飞鱼籽，但是飞鱼的肉也是很鲜美的。飞鱼胸鳍发达，体型修长，味道清淡，是美食爱好者不可错过的美味。台湾也有吃飞鱼的传统，基本是在六月飞鱼盛产的时候，常用来烤制，错过吃新鲜的飞鱼也可以使用飞鱼干做成飞鱼干炒面。

（01） （02） （03）

（04） （05） （06）

浓厚蒜香猪骨味

黑麻油豚骨汤面

WithEating! 吃货笔记：

1 这款面的面条属于直细面，吃起来比较弹牙，很耐煮，不容易软塌，也很容易吸汁。

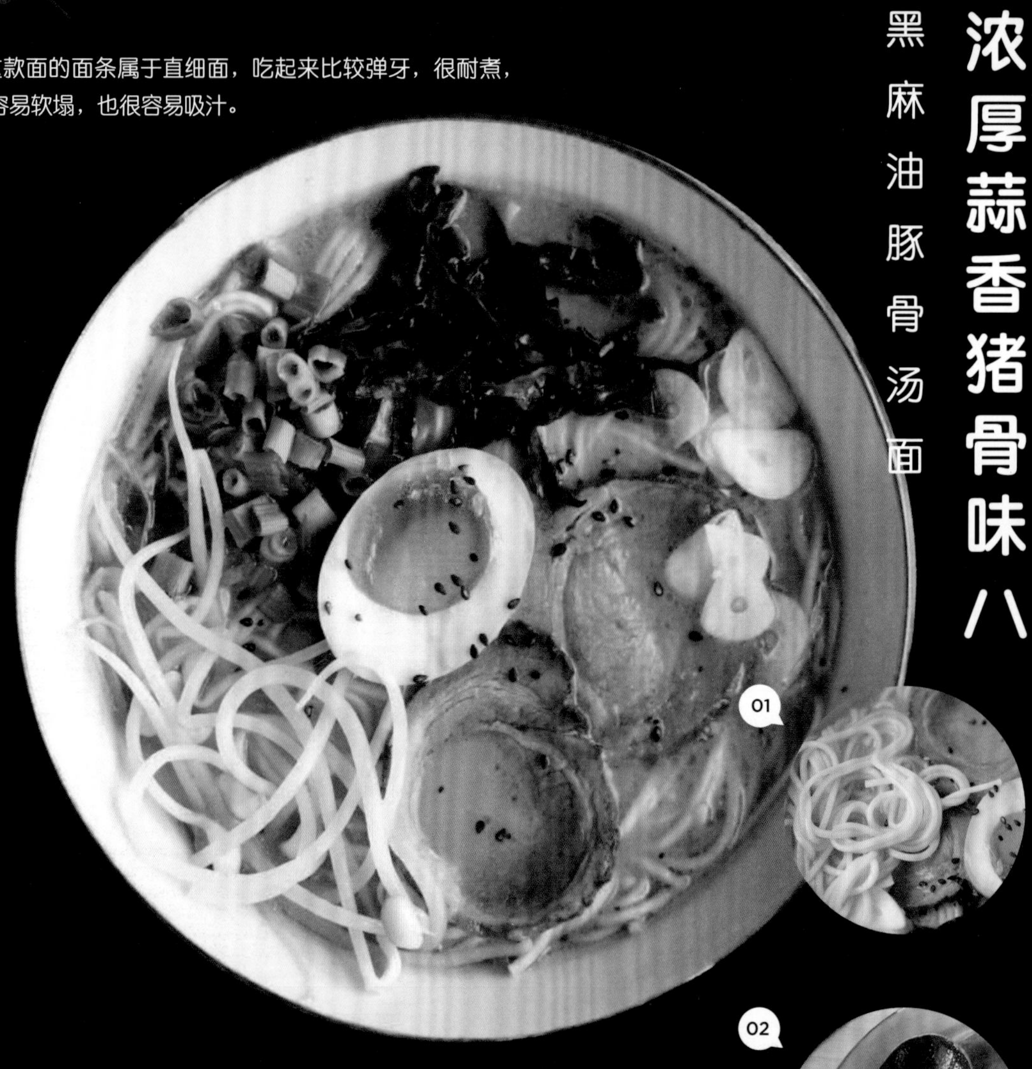

2 汤底中有很浓厚的猪骨汤味，汤汁呈现白浊色，吃到最后会有一点点腻。

3 一共有两包料包，一个汤料包，一个调味油，和一般的猪骨拉面料包一样，但是其中加入了黑蒜，算是一个比较特别的地方。

黑麻油豚骨汤面是 Marutai 推出的九州系列拉面之一。这款面的汤底中加入了使用猪油和植物油爆炒蒜粒而制成的蒜头油，蒜香能够激发出猪骨汤汁的肉味，两者搭配在一起，吃起来更加醇厚。

熊本拉面即熊本的猪骨拉面，据说熊本拉面始于“三九”拉面店熊本玉名站的分店，当时有三个人听说这家店的拉面非常美味，特地前去品尝，他们被拉面的美味所震惊，之后三人相继在熊本开了拉面馆，将原本的猪骨味道改良，加入了麻油和蒜片，于是就做出了如今的“熊本拉面”。当年的三个男人也就是现在还在熊本市内经营拉面馆的“松叶轩”创始人木村氏、“小紫”创始人山中氏以及“味千拉面”创始人重光氏（台湾高雄出身）。

熊本位于日本的西端、九州岛的中心位置，是日本有名的农业县。这里地形丰富，气候温暖，盛产西瓜、番茄等，还有天草、有明海和八代海等渔场，鱼种相当丰富。在熊本当地，熊本拉面的知名度要远远高于熊本熊，熊本拉面同博多、久留米拉面都属于猪骨拉面，但是在汤底的用料上却有很大差别，博多和久留米的猪骨汤头中会加入鸡肋和蔬菜等，熊本的汤头中则会加入麻油和蒜片，味道温和醇厚，更能抓住人心。

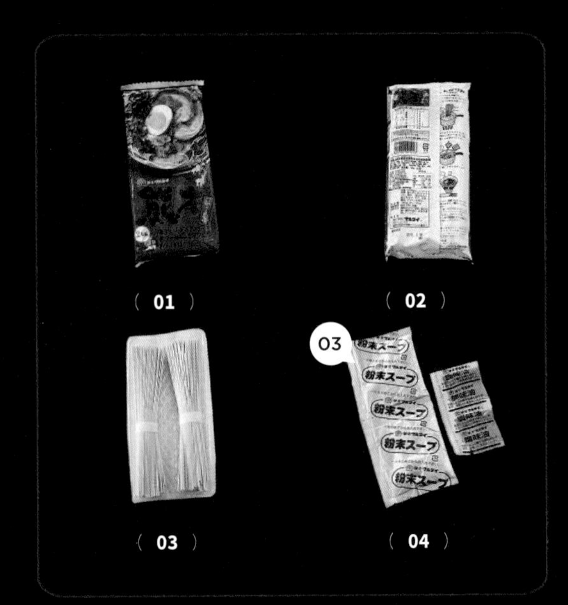

营养成分 × 热量消耗

- Per 186g（两人份）
- 快跑 1小时

热量 Energy	678kcal
蛋白质 Protein	26.8g
脂肪 Fat	13g
碳水化合物 Carbohydrates	113.4g
食盐 Salt	11.6g

食用方法

❶ 面条放入 500ml 沸水中煮约 2 分 20 秒。❷ 关火后，放入汤包，拌匀即可，建议搭配叉烧、海苔、溏心蛋、红姜丝、青葱食用。

\/随身携带的乌冬面/\

油豆腐迷你面

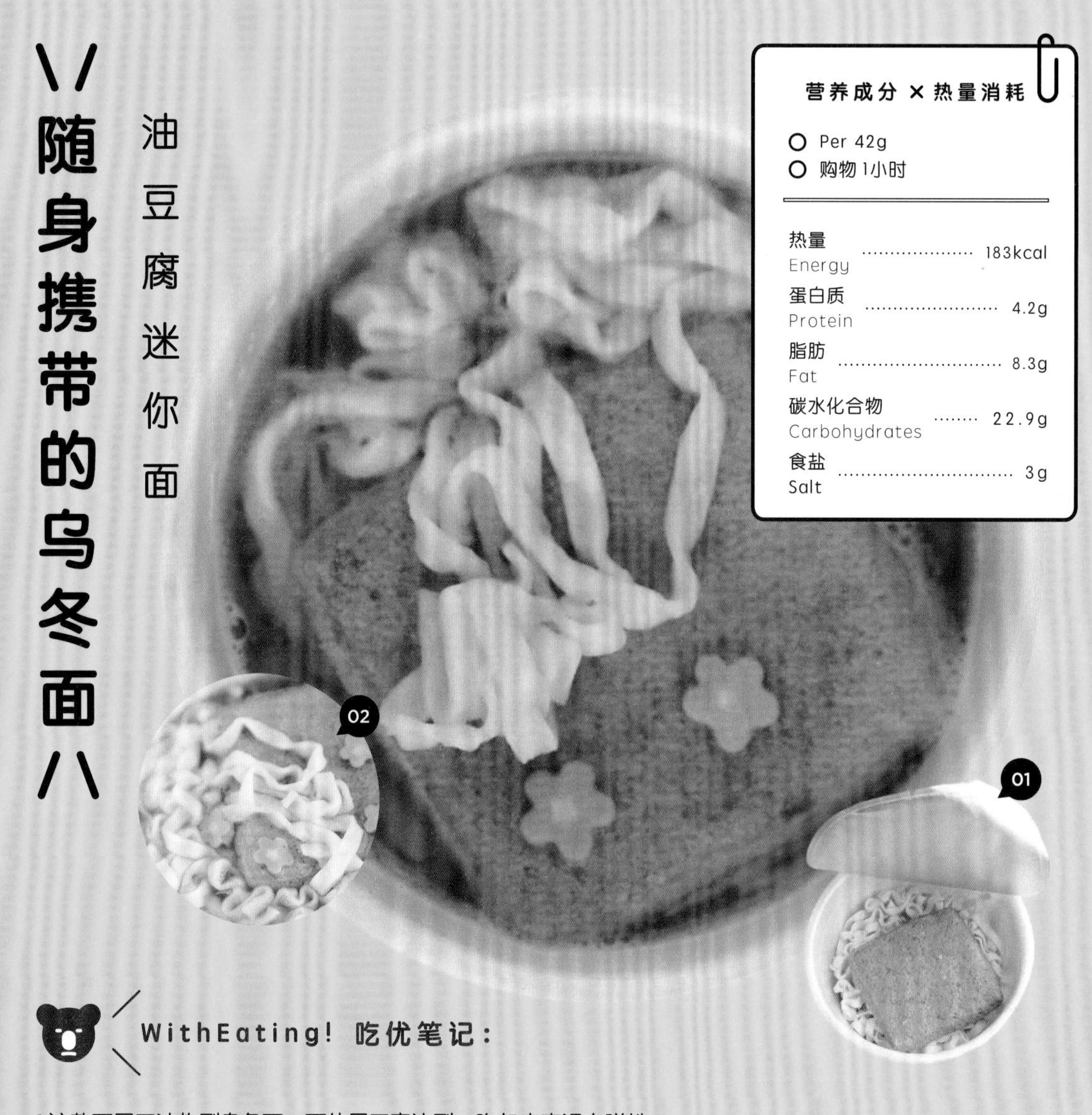

营养成分 × 热量消耗

- Per 42g
- 购物 1小时

热量 Energy	183kcal
蛋白质 Protein	4.2g
脂肪 Fat	8.3g
碳水化合物 Carbohydrates	22.9g
食盐 Salt	3g

WithEating! 吃优笔记：

1 这款面属于油炸型乌冬面，面体属于宽边型，吃起来爽滑有弹性。

2 汤汁清澈，里面含有很多提鲜的佐料，闻起来海鲜味特别浓郁。喝起来不油腻，很鲜甜，豆香味明显。

3 料包只有一个，但是很贴心地加入了樱花形鱼板，并配有大块的油豆腐，总的来说，分量虽少，但是该有的都有了。

油豆腐迷你面是由日清推出的一款速食面，也属于兵卫系列拉面，分量仅有 42g，体积小，便于携带。
这款面的特色是它附带一块油豆腐，油豆腐又叫“豆卜”、“豆腐泡”，是一种将豆腐高温油炸而制成的食物，内部水分抽干，外面金黄类似狐狸毛皮色，所以日本人也认为狐狸喜欢油豆腐，一些以油豆腐制作的食物也常冠以“狐狸”的名字。油豆腐常被作为日式拉面的配菜，比如油豆腐荞麦面、油豆腐寿司、油豆腐乌冬面等。

这款面的汤底中加入了很多提鲜的食材，比如酱油、鱼浆制品、鱼粉、葱、昆布萃取物、昆布粉末、海鲜调味油等。面饼是日本三大面食之一乌冬面，台湾称之为“乌龙面”。乌冬面的起源众说纷纭，大概主要是说米粮不足，所以乌冬面才开始盛行。对于乌冬面的粗细，日本有严格的规定：圆面的直径要在1.7mm以上，角面的宽度在1.7mm以上。一般是用中筋面粉和盐混合制作而成，煮好后，佐以鱼干、昆布以及酱油制作的汤底食用。乌冬面在日本各地因添加食材的不同，出现了多种口味，其中大阪的狐狸乌冬面中则是需要添加油豆腐食用。

食用方法 ◇◇◇◇

将料包倒入面饼中，再倒入 200ml 沸水，加盖静置约 3 分钟即可。

(01) (02) (03)

(04) (05) (06)

你所不了解的香茅

香茅拉面

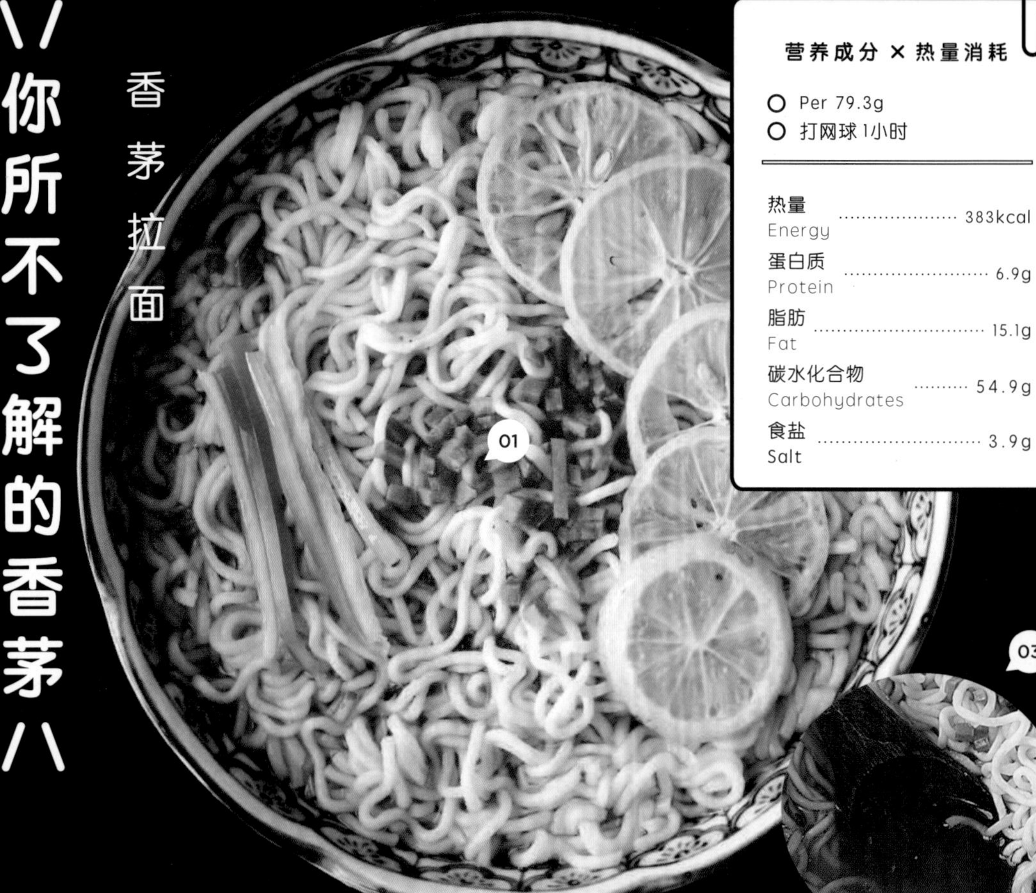

营养成分 × 热量消耗

- Per 79.3g
- 打网球1小时

热量 Energy	383kcal
蛋白质 Protein	6.9g
脂肪 Fat	15.1g
碳水化合物 Carbohydrates	54.9g
食盐 Salt	3.9g

1 从它的面饼来说属油炸型，又是细卷毛面，所以吃起来香而吸汁，也非常爽滑。

2 从它的料包来说，还是蛮丰富的，含有独立包装的香茅调味油，里面含有一些香料种子，打开后，柠檬的香气非常重。还有一个粉包和干燥菜包，都是很不错的搭配。

3 从它的汤头来说，汤汁薄而少味，有少许油花浮于表面，加上柠檬的香气，吃起来清爽又不腻。

香茅拉面是由日本 Earthink 株式会社推出的一款速食拉面，和香菜拉面同属一个系列。这款拉面主打香茅辛辣风味，是一款极具东南亚饮食风格的拉面。

东南亚的菜色中多使用香茅调味，而西贡的特色香料中也包含香茅。这款拉面中附带独立的香茅调味油，还加入了干燥葱花和虾粉提鲜。面饼使用了油炸型，属于典型的细卷毛面，所以吃起来香而吸汁，非常不错。

香茅是最常见的香草之一，因本身具有柠檬香气，所以又被称为“柠檬草”。原产于东南亚热带地区，喜高温多雨，因根系发达，能耐旱、耐瘠，所以多生长于于海拔 50 至 500 米，排水良好的山坡地区，主要用来炼制香精、调味料和香水等。不同品种的香茅，用处则有很大的不同，例如 C. citratus（柠檬草）盛产于东南亚，一般会做成茎干或粉末状，而 C. nardus（亚香茅）因本身口感不佳，所以一般会用来提炼精油。

如何在家种植香茅：

1. 取小段根部置瓶中，加水至 1/3 处，静待其生根。
2. 待根部繁茂，顶部生出叶子时，即可将香茅移植于泥土中。
3. 宜室外种植或近窗靠光放置，平时偶尔可使用洗米水浇花。

食用方法

微波炉

❶ 将面饼和料包放人盛有 350ml热水的微波碗中。
❷ 放人微波炉，低温加热约 3分 30秒，取出后拌匀即可。

煮食

将面饼和料包放人 350ml热水中煮约 2分钟，期间不断搅拌，煮好后拌匀即可。

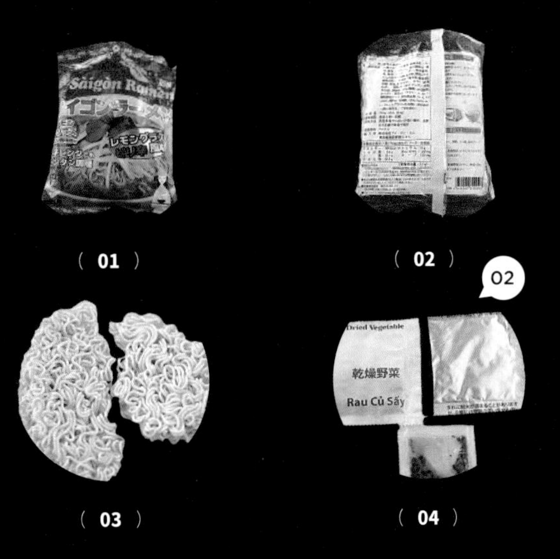

内含漂洋过海的五个小宝贝

天盐蚬贝拉面

天盐蚬贝拉面是北海道天盐町的名产。天盐町是位于日本北海道留萌振兴局最北部的町，西面日本海，北海道第二长的天盐川就是在此入海。这里主要的经济产业是渔业、奶酪畜牧业，其中蚬贝的捕获量是北海道第一。

WithEating! 吃优笔记：

1 面条属于碱水面，吃到口里略有涩感，煮过之后依旧很硬，非常耐嚼。面条本身也有海腥味。

2 汤汁清澈，油花很少，有很重的海鲜味，偏咸。

3 料包一共有两个，汤料包是浅黄色液体，另外一包料含有五个蚬贝，算是非常有特色了。

（ 01 ）

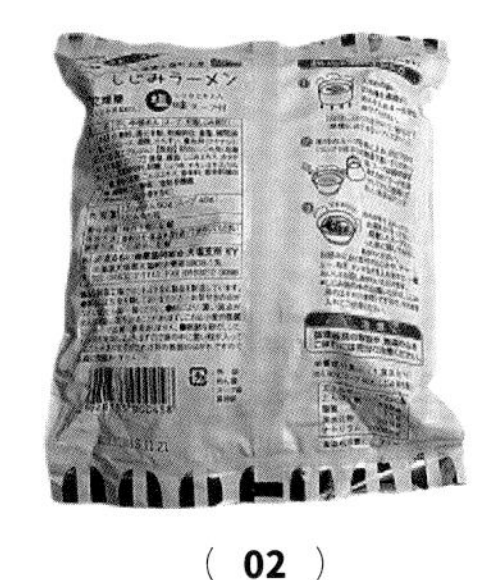

（ 02 ）

（ 03 ）

（ 04 ）

食用方法 ◇◇◇◇

❶ 面条放入沸水中煮约 4 － 5 分钟，面煮好后，沥干水分备用 ❷ 汤料包倒入碗中，冲入 270ml 沸水，搅拌至溶解，将面条放入汤汁中。 ❸ 最后，将蚬贝码在面上即可。

这款面的面饼中添加了麦芽糖醇、酒精和碱水，所以面条属于碱水面。和面时添加碱水是日式拉面中很常见的做法，可以增加面条的弹性，吃起来更加有嚼劲。这款面一共有两个料包，其中一个是汤料包，另一个是非常有特色的天盐町蚬贝包。汤底中使用食盐和猪油调味，另加入各种发酵食材。

蚬贝是天盐町的名产，此地的蚬贝不是人工养殖，而是几万年前就有的完全的自然繁殖。其中可被称之为极品的就是“青蚬贝”，吃起来味道鲜美，因为地方为保护自然资源而限制渔获数量，这种极品蚬贝仅能收获产量的一半左右，因此，除了本地销售，仅有少量会流通到高级料理店中。

营养成分 × 热量消耗

○ Per 130g
○ 打网球 1小时

项目	含量
热量 Energy	379kcal
蛋白质 Protein	13g
脂肪 Fat	1.1g
碳水化合物 Carbohydrates	79.3g
食盐 Salt	7.1g

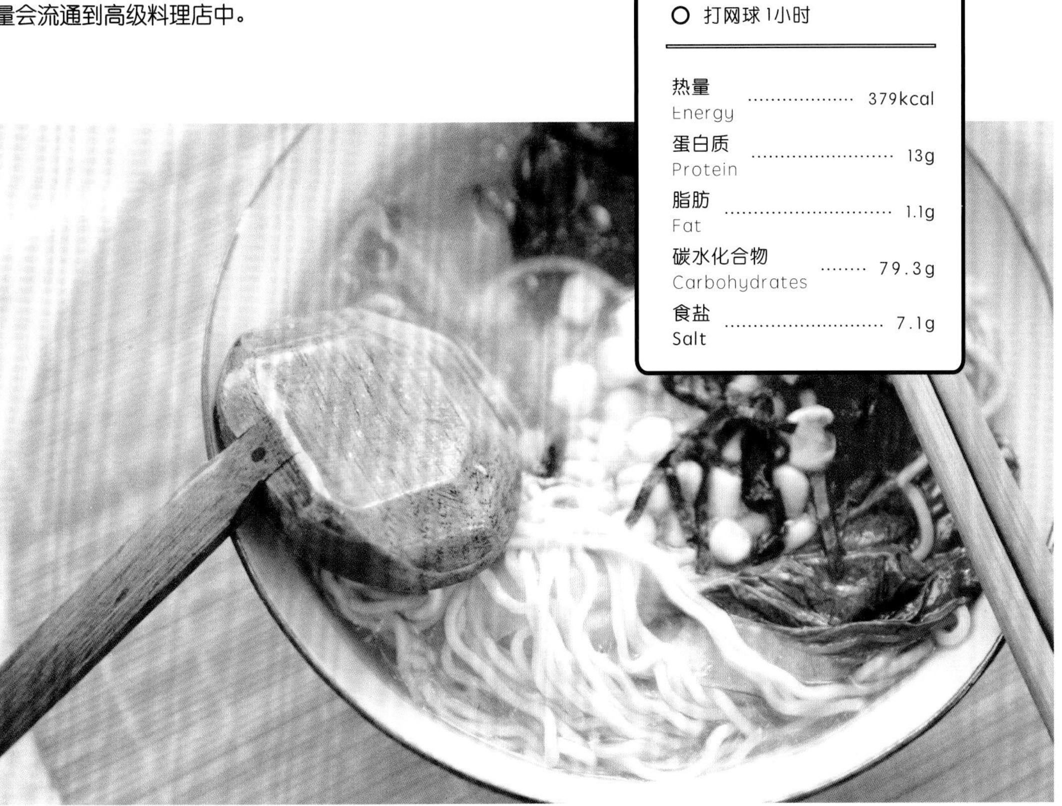

一碗萌妹子代言的拉面

羽幌甜虾拉面

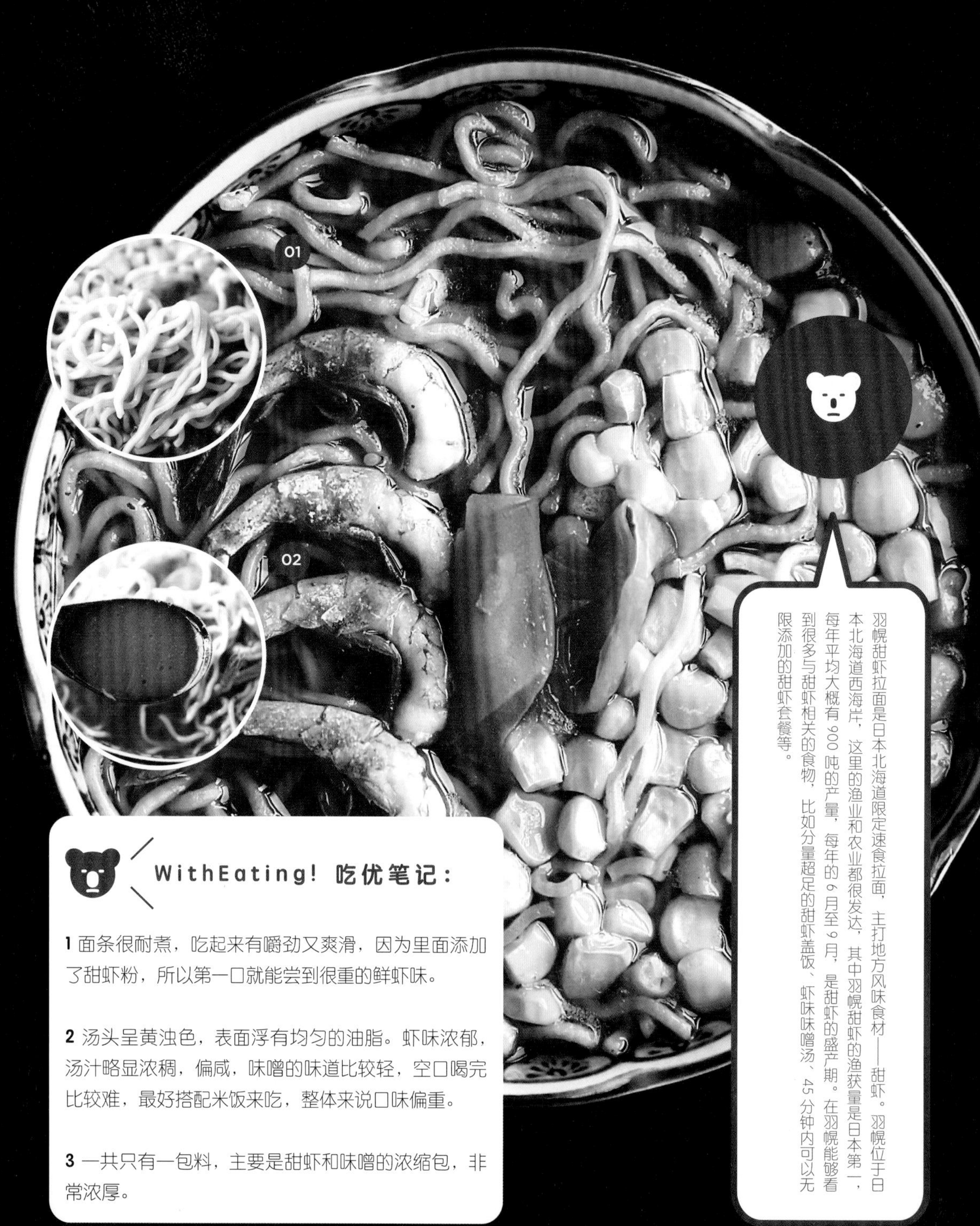

羽幌甜虾拉面是日本北海道限定速食拉面，主打地方风味食材——甜虾。羽幌位于日本北海道西海岸，这里的渔业和农业都很发达，其中羽幌甜虾的渔获量是日本第一，每年平均大概有900吨的产量，每年的6月至9月，是甜虾的盛产期。在羽幌能够看到很多与甜虾相关的食物，比如分量超足的甜虾盖饭、虾味味噌汤、45分钟内可以无限添加的甜虾套餐等。

WithEating！吃优笔记：

1 面条很耐煮，吃起来有嚼劲又爽滑，因为里面添加了甜虾粉，所以第一口就能尝到很重的鲜虾味。

2 汤头呈黄浊色，表面浮有均匀的油脂。虾味浓郁，汤汁略显浓稠，偏咸，味噌的味道比较轻，空口喝完比较难，最好搭配米饭来吃，整体来说口味偏重。

3 一共只有一包料，主要是甜虾和味噌的浓缩包，非常浓厚。

营养成分 × 热量消耗

- Per 130g
- 走步机 1小时

热量 Energy	343kcal
蛋白质 Protein	9.5g
脂肪 Fat	7.6g
碳水化合物 Carbohydrates	59.1g
食盐 Salt	7.8g

(**01**)

(**02**)

包装正面的这个萌妹子卡通人物，名叫 Raina Kannonzaki，是名 13 岁的中学生，目前正在担任日本北海道的观光向导，在网上有着很高的人气，她每天都会在自己的博客更新旅游咨询和天气情况，想去北海道羽幌旅游的人都可以在上面获得很实用的指南。Raina 家中是做渔产和民宿生意的，她从小就非常懂事，经常帮家里做些力所能及的事情，性格非常好，也因此有很多朋友。她有一个很大的羽幌家族，都是性格特征鲜明的女孩，共同为羽幌服务。

羽幌甜虾和浓厚的味噌搭配在一起食用非常美味，加之北海道地区寒冷，一般会摄入比较多的盐分，所以这个地区的味噌拉面非常流行。羽幌甜虾拉面中添加了味噌、猪骨、酱油和甜虾粉，味道鲜香，层次丰富。

甜虾：北海道名产之一，其肉质软而味甜，主要产于日本海附近，是日本寿司中很重要的食材。

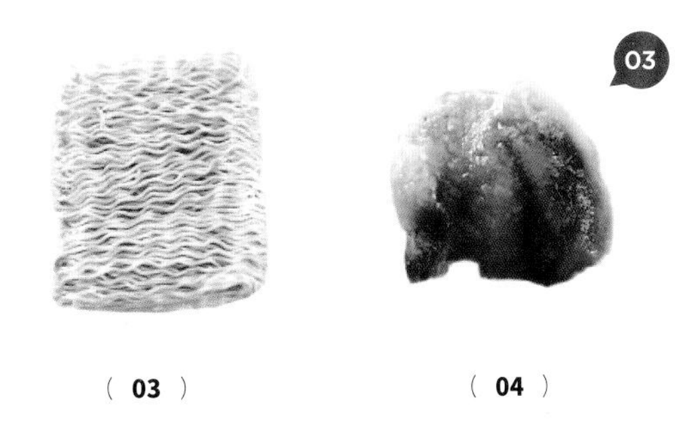

(**03**)　　(**04**)

食用方法 ◇◇◇◇

❶ 将面饼放入 600ml 沸水中煮约 5 分钟。❷ 面煮好后，关火，倒入料包拌匀即可。

\/猎奇的尝试/\

山葵蛋黄酱拉面

营养成分 × 热量消耗

- Per 96g
- 跳绳 1小时

热量 Energy	436kcal
蛋白质 Protein	9.3g
脂肪 Fat	17.5g
碳水化合物 Carbohydrates	59.9g
食盐 Salt	7.4g

WithEating! 吃优笔记：

1 面饼属于油炸型，在日式拉面中属于偏软的一种，但是煮好后不会塌掉，吃起来很爽滑，面香很重。

2 这款拉面一共有两包料，一个是山葵粉包，但是根据山葵特性，我觉得这里面可能仅是使用了芥末粉末，而非真正的山葵。另一个是蛋黄酱汤料包，也是粉末状，里面使用了鸡肉、猪肉和白玉葱作为提香食材。

3 从它的汤头来说，第一口喝下去有些发酸，应该是蛋黄酱起作用了，山葵的味道并不是很重（如果使用了真正的山葵的话，也可能是因为辣味挥发掉了），葱味、猪肉和鸡肉的味道也不是很重，但是能够轻微地尝出来，所以喝到最后也不会有腻感。

食用方法 ◇◇◇◇

❶ 面饼放入沸水中煮约 3 分钟。❷ 面煮好后，盛出，将料包倒入碗中，拌匀即可食用。

山葵和芥末其实并不一样，在日本山葵被称为“wasabi”，味道强烈，辣味往往能够刺激人的鼻窦，但是辣感持续时间较短，一般生长于山谷河流旁边。而黄色的芥末酱是由芥菜种子制作而成，和山葵并无关系。但是在日本，因为山葵价格昂贵且不易保存，所以部分料理店会用辣根和色素制作的所谓“绿芥末”代替山葵。

目前日本仅有五个县能够种植山葵，分别为：静冈县、长野县、岛根县、山梨县和岩手县。种植量少，需求量大，因此日本的山葵大多数都会选择从国外进口。真正的山葵不仅有辣味，细细品尝还会尝到甜味，和芥末的口感完全不一样。山葵一旦干燥了，辣味和甜味就会消失，所以一般真正的山葵都不会做成粉末状销售。

（ 01 ）

（ 02 ）

（ 03 ）

（ 04 ）

山葵蛋黄酱拉面是由日本速食面狂热爱好者大和一郎监制推出的，主打山葵蛋黄酱口味，属于 Mayo 蛋黄酱系列拉面之一。这一系列拉面的卡通形象是以蛋黄酱的瓶子作为载体进行拟人化设计，而这款山葵蛋黄酱拉面的形象是一名女孩。

\ 新派拉面的崛起 /

桃太郎番茄拉面

营养成分 × 热量消耗

- Per 88g
- 打网球1小时

热量 Energy	412kcal
蛋白质 Protein	8.5g
脂肪 Fat	17.3g
碳水化合物 Carbohydrates	55.2g
食盐 Salt	6.4g

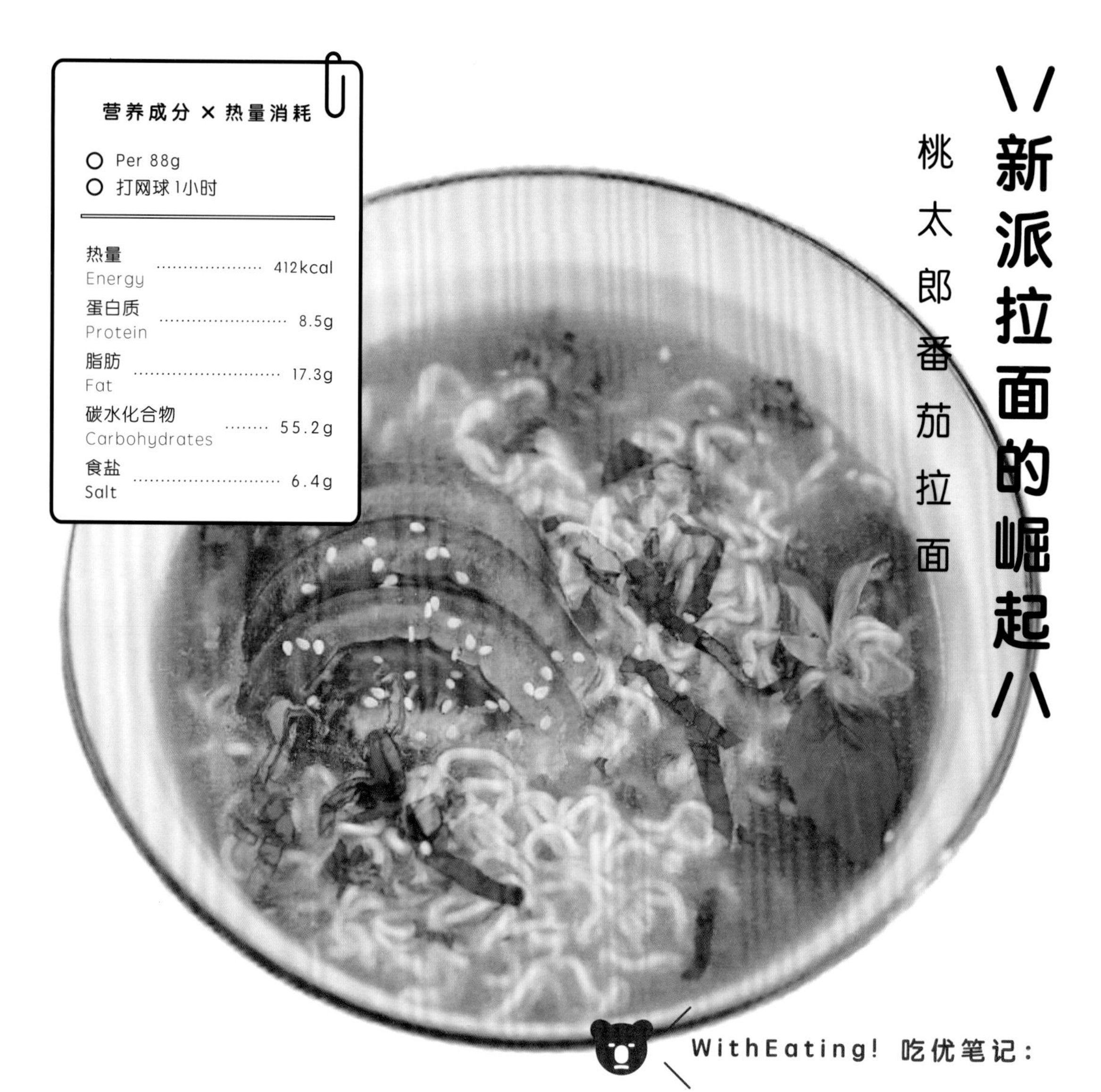

WithEating! 吃优笔记:

1 面饼一拿出来就能闻到比较清爽的番茄味，这款属于油炸型，所以吃起来面香比较明显，面体偏白，属于日式拉面中的软面，煮出来很吸汁，吃起来非常爽滑。

2 汤料一共有两包，透明的一包里面装的是干燥番茄碎，另一个粉包里面含有番茄浓缩粉，闻起来番茄味很重。

3 汤头是红色薄汤，番茄的味道比较重，油花不是很多，所以总体喝起来很清爽。

桃太郎番茄拉面是由宫崎经济联合直卖KC推出的一款速食拉面，主打宫崎县千穗产的桃太郎番茄口味。桃太郎是日本番茄的一个品种，又有五种以上的具体品种，形状大小也差很多：最大的可达半斤重，比较适合切成薄片炖牛肉；中型的皮薄、肉质绵细香甜，适合做沙拉或夹在三明治或汉堡里，烤一下效果更好；小型的桃太郎番茄则是鼓鼓的圆身，尖尖的小屁股，非常可爱，呈粉色，可以直接吃，也可以或搭配乳酪、起司饼干。

（ 01 ）

（ 02 ）

（ 03 ）

（ 04 ）

食用方法 ◇◇◇◇

❶ 面饼放入 500ml 沸水中煮约 2 分 30 秒。 ❷ 面煮好后，关火，倒入料包，拌匀即可。建议最后撒一层芝士粉搭配食用。

在日本有很多以番茄为主题的拉面店，比如“面屋 Tomato”，店里的拉面都是番茄口味的，但是即便只有一种口味，还是被创造出了很多丰富的口感。吃番茄拉面，最常搭配的就是芝士。芝士口味主要分为辣味和原味，一般会在面上撒厚厚的一层芝士，番茄的味道会更好地被激发出来，汤底也会更加浓郁。在拥有大量百年拉面店的日本，这种新派拉面慢慢发展起来了，因为口味更加多样、多变，所以受到很多年轻人的喜欢。

日本拉面的汤底都是精华，所以为了不浪费，一般拉面店都会提供米饭，面吃完了，可以将米饭倒入汤底，做成汤泡饭食用。

＞地中海的浓口酱油风味＜

扇贝柱酱油拉面

这款面的面饼使用了 60% 的北海道产的小麦粉，使用了 100% 北海道产的鄂霍次克海盐，并将当地产扇贝粉加入了汤包和面饼中。

鄂霍次克海的水质干净无污染，这里产的海盐非常受欢迎，一般盐按照来源主要分为：海盐、井矿盐和湖盐，而我国的食盐大部分都是井矿盐。

WithEating！吃优笔记：

1 面条属于干燥型，煮出来不软塌，看着很筋道，嚼起来粉粉糯糯的，非常容易吸汁。因为里面加入了北海道产的扇贝粉，所以吃起来有点碱水面的口感。

2 汤汁中酱油的味道还是蛮明显的，闻起来有一种黑糖的味道。汤头表面能够看到明显的油花，吃起来猪油的味道偏重，所以扇贝的味道几乎闻不出来，以至于吃到最后都忘记了这是一款扇贝柱拉面。

3 料包只有一种，分量很足，摸起来感觉很浓稠。这款面在吃的时候建议加入豆芽，会使泡面吃起来口感更清爽一些。日式拉面尤其爱放豆芽，最为有名的大概就是拉面店“拉面二郎”，他们家就是以放入大量豆芽配菜作为拉面的噱头。

营养成分 × 热量消耗

- Per 127g
- 打网球 1小时

热量 Energy	381.4kcal
蛋白质 Protein	13.4g
脂肪 Fat	7.8g
碳水化合物 Carbohydrates	64.4g
食盐 Salt	6.8g

(**01**)

(**02**)

扇贝粉：用新鲜扇贝肉通过温和生物酶解提取或熬煮提取，然后经过浓缩、喷雾干燥后制成，广泛添加于各种调味品中。日本家庭一般会常备扇贝粉，用于清洗瓜果蔬菜等，因为扇贝粉是一种强碱性物质（PH值 12），它能够与油中和，可以剥离分解食物中残存的有害物质，并且深入杀菌和延长食物保存期。

日本酱油拉面中的酱油大概分为三类：浓口、淡口和白酱油。因为北海道地区的料理口味普遍偏重，所以这里做的酱油拉面一般就是浓口酱油，颜色较深，汤汁略稠，吃起来很咸。正宗的酱油拉面中一般会使用猪油，也就是背脂，使用猪油可以提香，增加汤汁的醇厚感，喝起来不至于太单调。

(**03**)

(**04**)

食用方法 ◇◇◇◇

❶ 面条放入 1000ml 沸水中煮约 3 分钟，期间不断搅拌，之后继续煮 2 分钟，沥干水后备用。❷ 将料包放入碗中，加入 300ml 沸水溶解，放入面条拌匀即可。建议搭配玉米、豆芽、豆腐、芝麻、小葱、叉烧等食用。

＞秋田名产的速食化尝试＜

比 内 地 鸡 拉 面

WithEating! 吃优笔记：

1 从它的面饼来说，面条非常爽滑，面体偏粗，和汤汁很搭。

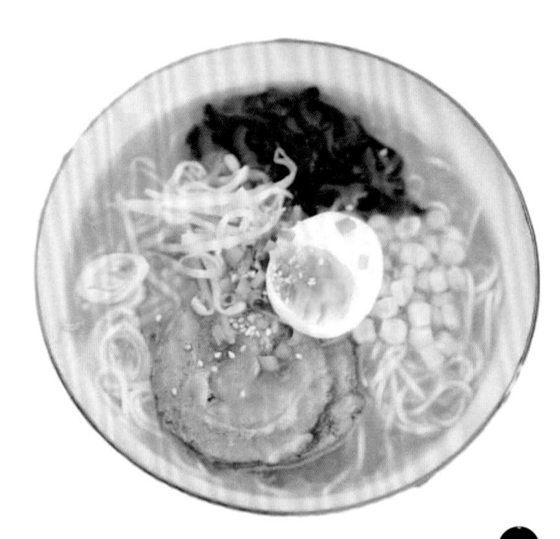

01

02

2 从它的汤头来说，本来主打奶香味和咖喱味，但是几乎尝不出来，总体来说比较偏咸。

03

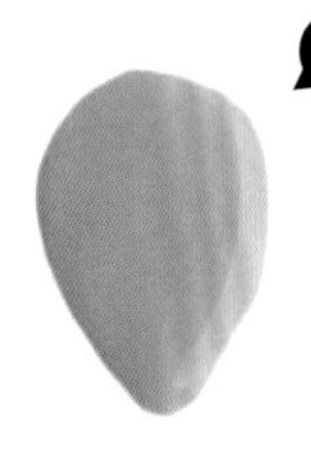

3 料包只有一种，颜色呈黄浊色。

这款拉面是由日本 Norit Japon 推出的 Umamy 系列食品之一，主打比内地鸡口味，是一款极具地方特色的拉面。

Norit Japon 坐落于日本秋田县秋田市，主要贩售地方特色食品。秋田县位于日本东北地区，首府为秋田市，是以农业生产为主的县，其中稻米种植业发达，粮食自给率为日本第二。除了水稻，这里还盛产松茸、岩牡蛎、和牛、秋田美酒、稻庭乌冬面，以及这款拉面的风味食材——比内地鸡。

营养成分 × 热量消耗

- Per 130g
- 打网球 1小时

热量 Energy	377.7kcal
蛋白质 Protein	13.8g
脂肪 Fat	8.1g
碳水化合物 Carbohydrates	62.5g
食盐 Salt	8.2g

(01)

(02)

据说，比内地鸡原本是雄性比内鸡同其他品种杂交而成。比内地鸡的肉质鲜美，风味独特，但是同其他品种鸡相比，生长较慢，繁殖率低且易生病。杂交之后的品种——比内地鸡则在原有优点的基础上，克服了这些缺点，成为了日本有名的三大地鸡之一。比内地鸡的脂肪含量较少，肉质鲜美，用来炖煮高汤口感浓厚。

日本三大地鸡分别是：秋田县的比内地鸡、茨城县的奥久慈斗鸡和名古屋的交趾鸡。

Umamy 系列一共出了三种口味的比内地鸡拉面，分别是：盐味、味噌味、酱油味，每款售价均为 250 日元。三款拉面的汤底都是使用比内地鸡熬制的白色浓汤，味道鲜美不腻人。面饼则是使用生面经过干燥后制成的干面，面体细而爽滑，非常吸汁。

(03)

(04)

食用方法 ◇◇◇◇

❶ 面饼放入 550ml沸水中煮约 4分钟。❷ 面煮好后，关火，倒入料包，拌匀后盛出即可。建议搭配葱油食用，更能激发汤底的香味。

>点缀一抹华丽的色彩<

北海道金箔拉面

WithEating! 吃优笔记：

1 非常惊喜的是这款拉面中竟然含有金箔，虽然日本金泽的金箔文化早有耳闻，但是在泡面的材料中附带一包金箔，还是第一次遇到。

2 北海道金箔拉面的面饼是非油炸干燥面，面体更能吸收汤汁，热量也比较低。

3 北海道金箔拉面除了主打金箔之外，也非常讲究拉面的“旨味”，即食物的新鲜和美味。汤包中加有动物油脂和鸡肉、牛肉、猪肉的浓缩成分，令汤汁喝起来有一种鲜甜感，整体味道比较浓厚。

北海道金箔拉面，是由旭川制面株式会社推出的一款速食拉面，以金箔为主打特色。旭川制面株式会社坐落在北海道东川町，距离旭川市 13 公里，主要贩售拉面、乌冬、荞麦面、米粉等面制品。

营养成分 × 热量消耗

- Per 130g
- 跳健身操 1 小时

热量 Energy	278.1kcal
蛋白质 Protein	11.6g
脂肪 Fat	2.7g
碳水化合物 Carbohydrates	51.7g
食盐 Salt	8.8g

北海道金箔拉面共有两种汤底：酱油汤底和豚骨汤底，两款面的售价均为 500 日元。

这款拉面包装的设计理念从金箔而来，正面将“金箔”两个字做了放大处理，非常醒目。包装颜色也以很亮的金色为主色调，凸显了这款面的特色和卖点。

金箔就是把含金量为 99.99% 的金条，经过十几道工序的特殊加工，使之延展成为厚度万分之一毫米的薄片。日本金泽的金箔产量占全国的 99% 以上，在当地一直有食用金箔的传统，不仅拉面、和果子、寿司、巧克力等食物里可以点缀上金箔，还能将金箔加入液体中，制成金箔酒、金箔咖啡等。普通的食物在金子的点缀下，瞬间变得华贵绚丽起来。

这款拉面中的金箔量仅为 0.02g，并且金箔附在阿拉伯胶中，所以，我们吃下的金子其实是极少量的。
其实金箔是没有营养价值的，也不必为吃下“重金属”而担心。1983 年，世界卫生组织食品添加剂法典委员会，规定可将黄金作为食品添加剂，所以符合标准的金箔是可以吃的。而且金的性质非常稳定，人体不会将其吸收代谢，食用的金子最终都会排出体外。

(01)

(02)

(03)

(04)

食用方法 ◇◇◇◇

❶ 面饼放入 600ml 沸水中煮约 3 分钟，如果喜欢软面，可再多煮 2 分钟。❷ 面煮好后关火，倒入料包，拌匀后，点缀上金箔即可。

浓厚汤汁搭配海虾鲜甜

日清海老担担面

日清海老担担面是由日清食品株式会社推出的一款鲜虾风味的拉面。日清是世界上最早开发方便面的公司，到现在出过许多款担担面，目前『人气』系列的担担面有多种口味：如特浓担担面、鲜虾担担面、豆乳担担面和横滨中华街担担面等，前两种售价为 290 日元，后两种为 270 日元。

WithEating！吃优笔记：

这款速食面的料包特别丰富，一拿出来很惊喜，使用了不同颜色的包装，从液体汤包、菜包到鱼虾渣包和芝麻酱包，一应俱全。

1 面饼属于超细的卷毛面，呈黄色，泡出来偏软，所以很容易吸收汤汁。

2 汤底呈黄浊色，表面油脂较多，芝麻酱的味道很浓郁，所以喝到最后会有腻感，总体来说，感觉不像是速食碗面的汤汁，更像是店里吃的拉面汤汁。

营养成分 × 热量消耗

- Per 126g
- 爬楼梯 1小时

热量 Energy	493kcal
蛋白质 Protein	14.9g
脂肪 Fat	19.7g
碳水化合物 Carbohydrates	64.1g
食盐 Salt	7.1g

这款面用大碗包装，可以直接食用。面饼使用的是非油炸面，虽然吃起来没有油炸面饼那样爽滑，但是面条比较能吸收汤汁的味道。面饼中还添加了一些酱油、植物油、鸡肉提取物等调味，让面条拥有自己的基础味道。

日清海老担担面共有四个料包：液体汤包、菜包、鱼虾渣包和芝麻酱包，比起其他泡面来说是比较丰富的。日本拉面有一种风格，叫“鱼介类拉面”，其中“鱼介”指的是鱼和贝类的总称。这款担担面中也有一些鱼介拉面的风格在其中，它主打的就是鲜虾浓郁汤头，汤包中含有味噌、猪油、香油、芝麻酱、虾酱、鱼介调味油等调味料，其中味噌、猪油和芝麻酱使得泡面汤头变得厚重，虾酱和鱼介调味油让其更具海产鲜味。另附的芝麻酱包，能够让汤更加黏稠浓郁，具有芝麻的独特香味，菜包中除了干燥蔬菜还有大块的肉臊，所以总体感觉非常丰富。

除此之外，这款面还特别添加了鱼渣和虾渣（炸鱼虾时的碎渣，与猪油渣类似），金黄酥脆，在泡好面之后撒上鱼虾渣一起食用，能够为面条增添一层酥脆的口感和来自海鲜的鲜甜。

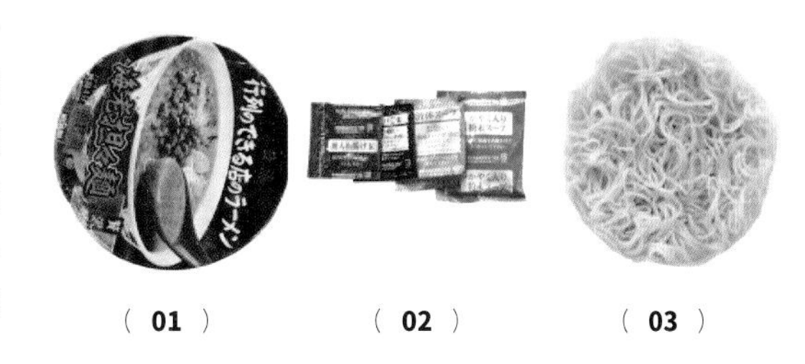

(01)　(02)　(03)

食用方法 ◇◇◇◇

❶ 将泡面碗掀开半个盖子，把料包全部取出。❷ 将菜包倒入其中，注入热水至泡面碗的横线处，可将汤包和芝麻酱包放在盖子上加温。❸ 焖四分钟后，讲汤包和芝麻酱倒入其中，搅拌均匀后在最上面撒上鱼虾渣。

日式清汤面的精髓，最鲜不过最后一口汤

博多地鸡火锅拉面

博多地鸡火锅拉面仅在福冈当地发售，是由日本大盛推出的一款极具地方特色的速食拉面，主打地鸡火锅口味，面身的包装设计很传统，正面标有专业地鸡团体认证。

01

02

WithEating! 吃优笔记：

1 面条属于偏黄的细直面，能够很好地吸收汤汁，吃起来很顺滑，煮出来不会软塌。

2 汤头清澈，有少许油花，尝起来偏咸，有一点鲜味，但是并不重，第一口并没有什么惊艳的感觉，但是吃到最后，越来越好吃，鲜味也慢慢被激发出来了。

3 料包仅有一个，是液体浓缩包，颜色是明黄色，有少许油花。

(01)

(02)

“地鸡水炊き”即地鸡火锅，是博多的传统料理，有100 多年的历史，以长时间熬炖的地鸡高汤做底，放入鸡肉、蔬菜等食用，汤头富含胶质，好喝又美容。

地鸡：日本称“地鸟”。日本有相关规定，日本地鸡首先必须拥有不得低于 50% 的日本鸡血统，其次饲养周期必须超过 80 天，最后必须是“平地养殖”，即自然放养。

在日本的居酒屋里，地鸡的价格一般会很贵，如果一家店同时有三个品种的地鸡，那这个居酒屋就算是很不错的了。

福冈地区的拉面汤头一般比较浓厚，吃完第一碗一般会再加一份面。这款博多地鸡火锅拉面的汤底却很清淡，虽然有少许油花，但是喝完完全不会腻。

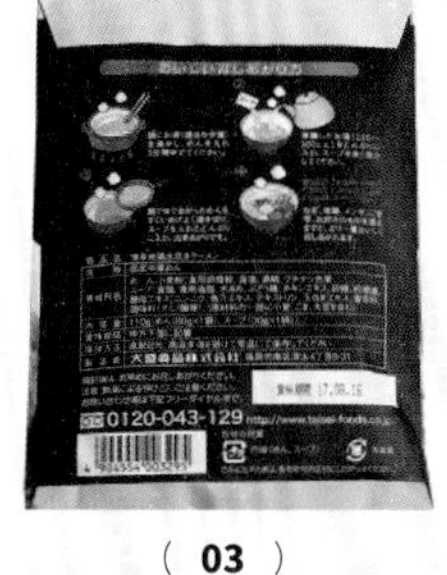

(03)

(04)

食用方法 ◇◇◇◇

❶ 面饼放入适量沸水中煮约 3 分钟。❷ 料包放入碗中，冲入 250-300ml 沸水，拌匀后待用。❸ 面条煮好后，关火，沥干水后放入汤碗中，拌匀即可食用。

＞韩式四川味＜

四川料理橄榄油炸酱面

四川料理橄榄油炸酱面是由农心推出的一款速食面，以韩式炸酱面的风味为基础，其中添加了川味辣椒，主打麻辣口感。农心于 1970 年 2 月在韩国首次将炸酱面速食化，之后不断推出新品种：1978 年的三鲜炸酱面、1983 年的农心炸酱面、1984 年的橄榄油炸酱面、1990 年的香肠炸酱面、1991 年的莲炸酱和 2004 年的四川料理橄榄油炸酱面。

营养成分 × 热量消耗

- Per 137g
- 慢跑 1小时

热量 Energy	615kcal
蛋白质 Protein	12g
脂肪 Fat	21g
碳水化合物 Carbohydrates	94g

WithEating! 吃优笔记：

1 从它的面饼来说，面条筋道爽滑，非常耐煮，沥干水后拌入酱料也不会软塌，酱料可以均匀裹在每根面条上，这样的炸酱速食面吃起来才比较过瘾。

2 从它的料包来说，一共有三包料，一个粉包，里面加了四川辣椒粉，用于调味增辣，还有黑色的粉像是味噌，闻一下有很重的五香味，非常中式；一个酱包，是炸酱面的灵魂，分量很足；一个干燥蔬菜包，里面有大颗的干豆子，类似于杂酱面。吃这款面的时候建议自己可以加一点稍微焯过水的卷心菜碎，因为脆生生的菜和炸酱特别配。

食用方法 ◇◇◇◇

❶ 将面饼和干料包放入 600ml 沸水中煮约 5 分钟。
❷ 关火后只保留 8 勺水，放进粉包和油包拌匀即可。

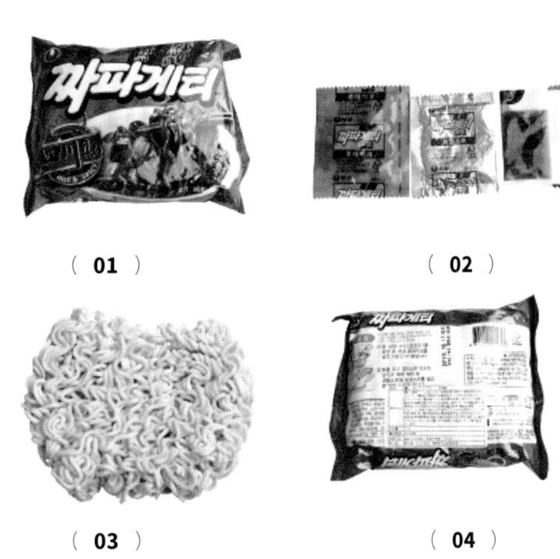

虽说北方人多食面食，南方人多食米饭，但是四川应该算是一个特例，这里产生了众多以“辣”著称的美味面食：油重无水，点燃即着的宜宾燃面、百味杂陈的牛王庙怪味面、独具四川风味的担担面、清爽利口的四川凉面、虽辣却有回甘的甜水面等。

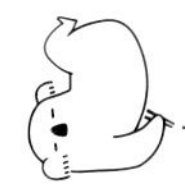

北方炸酱面以北京炸酱为代表，炸酱黑色油亮，拌入蔬菜即可，南方要说炸酱面的话大概就是流行于西南一带的杂酱面，炸酱浅色油亮，拌入豌豆、蔬菜等食用，两者不管是在制作方法，还是口感上相差都比较大。这款速食面的炸酱中加入了黄豆酱、玉米粉、洋葱、大蒜、辣椒、辣味蔬菜粉、脱水蔬菜等，用于调味的酱油则使用橄榄油调制，整款面不含反式脂肪。

韩式炸酱面可以和火鸡面拌在一起食用，据说比单独吃要美味地多，韩国也由此发展出了专门吃炸酱和辣鸡混合面的地方。

韩式中华料理

八道炸酱面

WithEating! 吃优笔记：

1 这款炸酱面的面条非常筋道爽滑，裹上很实在的酱汁，吃起来很过瘾。

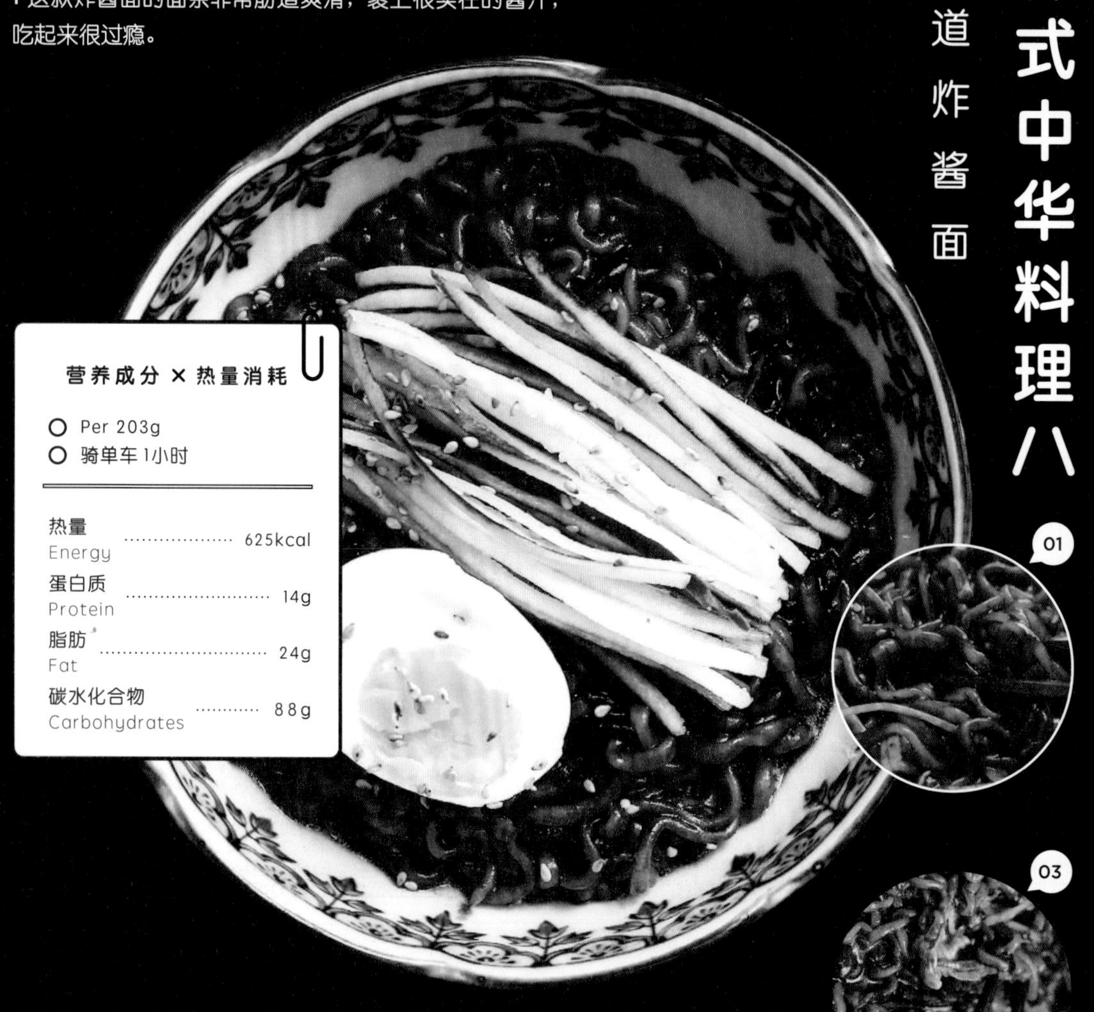

营养成分 × 热量消耗

- Per 203g
- 骑单车 1小时

热量 Energy	625kcal
蛋白质 Protein	14g
脂肪 Fat	24g
碳水化合物 Carbohydrates	88g

2 从它的料包来说，一共有两包，一包是干燥蔬菜包，一包是酱料包，酱料包的分量很足，有很多韩式炸酱面的配菜，比如土豆、洋葱之类的，味道很浓郁，吃到最后，酱汁还会剩下很多。

3 值得一提的是这款面的代言人是韩国有名的中华料理大师李延福。

韩式炸酱面是典型的韩式中华料理，传统做法是在面条上淋入由春酱、猪肉粒、蔬菜粒制成的深色浓酱，这种酱也就是炸酱。韩式炸酱口味偏甜，蔬菜粒一般使用土豆丁和洋葱碎，搭配传统腌渍小菜——甜萝卜片食用。
中式炸酱面口味偏咸，一般是面条上淋炒过的黄酱或甜面酱，码上黄瓜丝、焯过水的香椿、豆芽、青豆、黄豆，拌匀食用。

韩式炸酱面的起源众说纷纭，其中一种有资料可依的，是说清朝时由驻扎在韩国仁川的清军将炸酱面引入，从此炸酱面落地生根，并且很快得到了韩国百姓的喜欢。韩国炸酱面虽然使用黑色的春酱，但是摆盘讲究，一般的炸酱面中间放面，周边会按照韩国饮食“五行五色”的配色原则放上一圈蔬菜。

五行五色：韩国饮食配色一般都会遵循“五行五色”的原则，五行五色不仅能够实现色彩上的协调，也能实现更加健康的饮食搭配。五色中，白金对应肺，绿木对应肝脏，黑水对应肾，红火对应心，黄土对应脾胃。“五行五色”常见于韩式年糕汤、拌饭、紫菜饭卷、各色小菜、汤面等。

春酱：即黑豆酱，面粉做成发糕打散后，接入米曲霉后，与煮烂的黄豆一起发酵做成甜口的面酱，加入酱油，呈黑色，口感鲜甜，是韩式炸酱面的用酱。

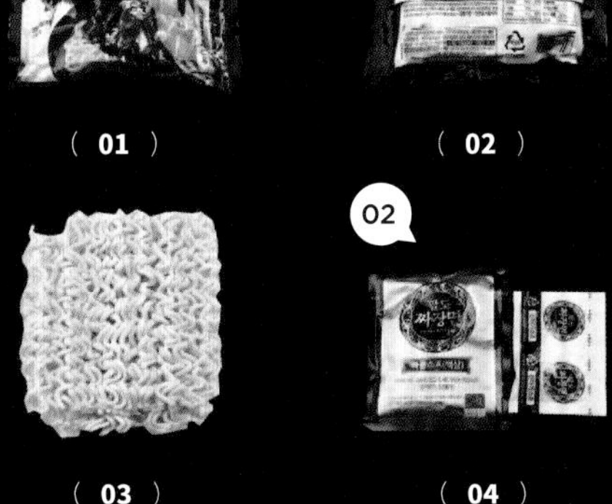

食用方法

❶ 将 600ml 水煮沸后，放入面饼和蔬菜包煮约 4 分 30 秒。❷ 沥干水后盛出泡面，放入酱料包，拌匀后即可食用。可搭配黄瓜丝、煎蛋、甜萝卜片。

韩国的章鱼文化

章鱼干拌面

章鱼被称为韩国的“国民海鲜”，经常出现在各种韩式海鲜料理当中，比较常见的品种是短爪章鱼，韩国人称之为“八爪鱼”。它的外形和普通章鱼一样，但是体型较小，一般在10-20cm之间，普通章鱼的脚长而硬，但这种短爪章鱼的八只脚长度都一样。每年的10月到次年的5月是短爪章鱼的盛产期，春季的短爪章鱼头部充满卵，为最佳食用时期，章鱼卵小而柔软，味道清淡且美味，富含牛磺酸，不饱和脂肪酸含量极高，热量低，常食用可以降低胆固醇等。

02

01

03

WithEating! 吃优笔记：

1这款面真的是超辣，如果不能吃辣的小伙伴，我建议还是直接放弃吧。

2 从它的面饼来说，即使煮了很久吃起来还是很弹牙，非常地好吃，但是因为没有汤底，只有面条，分量看起来不是很多。

3 从它的料包来说，酱料包分量很足，闻一下有很浓的韩式海鲜辣酱的味道，辣味略呛人，第一口有点偏甜，但是后劲很大，慢慢地就会辣到嗓子冒烟，建议加入适量海苔、青葱和芝麻，吃起来会更香一些。

(01)

(02)

(03)

这款面的面饼属于韩式拉面中典型的卷毛面，吃起来筋道弹牙。料包有两个，一个干燥蔬菜包，一个辣酱包，辣酱包使用的是韩式辣酱，辣味较重，分量也很足，如果不能吃辣的话可以只用一半，剩下的辣酱用来做拌菜，辣酱中还加入了炒章鱼调味粉，用来增加章鱼风味。

因为韩国人爱吃章鱼，所以也演变出了很多吃法，其中最猎奇的大概就是“吃活章鱼”。韩国人认为活章鱼的触须是一道美味的冷盘，将其切成小块，沾上酱料就可以吃了，触须进入喉咙还会滑动，但是也很容易令人窒息。

营养成分 × 热量消耗

- Per 130g
- 游泳 1小时

热量 Energy	510kcal
蛋白质 Protein	6.9g
脂肪 Fat	12.3g
碳水化合物 Carbohydrates	63.8g

食用方法 ◇◇◇◇

❶ 面饼和干燥蔬菜包放入 500ml 沸水中煮约 3 分钟。❷ 面煮好后，沥干水拌入酱料包即可。

吃一碗低卡无负担速食面

香葱汤面

WithEating! 吃优笔记：

1 从它的面饼来说，这款面是韩国典型的卷毛面，但是是偏软的一款面，吃到最后特别容易吸水软塌，因为是非油炸面饼，煮面的时候也没有什么油花出来，分量很少，一个人可能不太够。

2 从它的料包来说，一包粉包，一包干燥蔬菜包，蔬菜包中的蔬菜颗粒比较大，能明显看到葱和胡萝卜的脱水块，外形设计很像保健品，看着很健康。

3 从它的汤头来说，葱香和蒜香不是特别突出，第一口感觉比较平淡，没有特别惊艳。

营养成分 × 热量消耗

- Per 95.9g
- 走步机 1小时

热量 Energy	345kcal
蛋白质 Protein	8.6g
脂肪 Fat	1.8g
碳水化合物 Carbohydrates	74g

01

03

这款香葱汤面是由韩国圃美多公司推出的一款主打低卡、健康的速食面。圃美多创始人元敬善先生是韩国最早的有机农作物种植的倡导者，元敬善先生曾在 1995 年召集崇尚自然的有机爱好者，开创有机农场，他们还将附近的流浪者聚集在一起，共同为农场服务，自食其力，最终农场命名为“Pulmuone”，而品牌“圃美多”也由此得名。之后由拥有同样乐活精神的南承佑先生在韩国半岛鸭口亭洞开设了第一家圃美多专卖店。

(01)

(02)

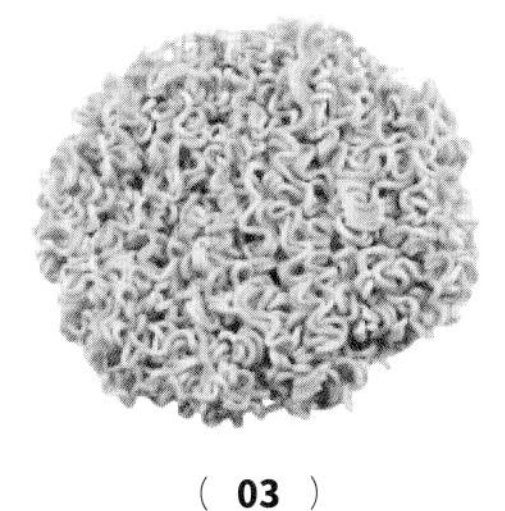

(03)

02

(04)

食用方法 ◇◇◇◇

面饼、料包放入 550ml 沸水中煮约 4 分 30 秒即可。

圃美多崇尚“乐活”，主要生产各种有机健康食品和日用品。

这款大葱汤面的保质期仅有 180 天，产地为韩国忠清北道，拉面没有味精、防腐剂和任何人工合成色素，使用非油炸面饼，整包面仅有 345 大卡。

忠清北道是以农业经济为主的韩国中部的地方行政单位，也是世界上最早出现金属活字印刷品（1377 年）的地方。

这款面不能直接泡，需要用热水煮开。

其实韩国饮食并非大家感觉中的那么重口，在亚洲，韩国饮食的健康度排名甚至超过日本，他们家常菜品都是比较清淡健康的，比如海带汤、萝卜汤、淡菜汤、牡蛎汤等，而这款汤面，也是简单地用海带、裙带菜、葱蒜调味。

韩国传统饮食里会非常大量地使用大蒜调味，无论是汤品、汤菜、泡菜还是药食中都会使用大蒜，因为用量很大，所以韩国市场上常见大包的去皮蒜仁和罐装蒜末。我们吃韩料的时候其实经常会吃到大蒜，只是有时候经过各种调味，原本大蒜的味道被掩盖了。韩国葱的使用频率也很高，他们使用的是青葱，比中国的葱味要淡很多。

韩料中的苹果和梨

韩式干拌面

WithEating! 吃优笔记：

这款面的面饼偏白色，属于油炸卷毛面。面条虽然很耐煮，但是吃起来口感比较糯，滑溜溜的。

01

1 有一包酱料，里面添加了苹果汁和梨汁，吃起来酸酸甜甜，还带有一点韩式辣味，非常爽口。

2 另外，这是一款干拌面，所以煮过之后可以先过一遍冷水。

干拌面是由八道推出的一款速食拉面，汤料中添加了 8% 的苹果汁，是这款面的一个特色，另外无味精添加，使这款面吃起来更健康。

营养成分 × 热量消耗

- Per 130g
- 快走1小时

热量 Energy		504.6kcal
蛋白质 Protein		7.7g
脂肪 Fat		16.9g
碳水化合物 Carbohydrates		60g

韩料中为何常会添加苹果和梨?

韩料的口味主要是偏甜辣，苹果和梨添加后会增加甜味，而这种甜是人工糖无法实现的，其中苹果多用于汤和甜辣酱中，梨则主要用于一些甜辣酱和拌菜中。

这款面的辣酱就是典型的韩式甜辣酱，拌入面中，呈亮红色，闻一下，微辣中带有一点果香。酱料中除了苹果泥，还添加了醋粉、酱油粉和大蒜泥等，用来丰富口感。醋粉和酱油粉都属于发酵食物，其中韩国酱油按照发酵时间的长短，在风味上也有明显的咸淡之分。

食用方法 ◇◇◇◇

❶ 面饼放入沸水中煮约 3分钟，煮好后，过一遍冰水。❷ 沥干水后盛入碗中，拌入酱料即可。

(01)

(02)

(03)

人间有味是清欢

马铃薯排骨面

营养成分 × 热量消耗

- Per 120g
- 游泳 1小时

热量 Energy	519kcal
蛋白质 Protein	11.2g
脂肪 Fat	18.72g
碳水化合物 Carbohydrates	75.9g

WithEat

1 面饼依旧是韩国很耐煮的面，吃起来很 Q 弹，是农心一贯的感觉。面条属于细卷毛面，油味比较重，虽然泡面本身没有说明是否是油炸面饼，但是从面饼本身的干燥程度和脆感，应该就是油炸型。

2 从料包来说，里面有一个粉包和一个干燥蔬菜包。

3 从汤底来说，味道浓厚且丰富，有一种偏辣的大酱汤的感觉。

01

03

韩国农心食品公司成立于 1965 年，主要做速食面和膨化食品一类。它旗下还有 7 家分公司，经营业务遍及农、水产品，化学，印刷，电脑信息，工程设计等。农心推出的拉面很多都是以韩料为灵感，像这款马铃薯排骨，虽然是很常见的很普遍的搭配，看包装也很像中式料理，但是却是以韩式调料作为底料，所以第一口就能感觉出是典型的韩式菜肴的味道，在韩国这种料理被称为“土豆脊骨汤”，是非常平民的一款健康菜。

(01)　(02)　(03)　(04)

食用方法 ◇◇◇◇

面饼和料包放人 500ml 沸水中煮约 3 分钟即可 。

农心做过几款以“马铃薯”为主题的速食面，但是这款马铃薯排骨面却是网友心中人气最高的，它以猪肉汁、马铃薯和各种蔬菜、香辛料相搭配，制作出具有浓厚猪骨汤味的汤头。

这款面的料包中含有大豆酱粉、香辛料等，韩国人对酱料的使用程度很高，大部分的酱料都属于发酵食物。干燥蔬菜包中则有脱水青梗菜、马铃薯、胡萝卜和大葱

青梗菜：又叫小棠菜、小白菜，是速食面干燥蔬菜包中常见的食材。

马铃薯排骨锅甚至发展成了韩国旅游的一个特色，韩国有专门吃马铃薯排骨锅的饭店，店内一般会设计有一排暖炕，大家坐在炕上吃马铃薯排骨锅，锅内除了马铃薯和排骨，还会放苏子叶、葱段、粉丝之类的，样子跟火锅差不多，但是会搭配各种韩式小菜。

辛拉面的特别推出

黑袋辛拉面

WithEating! 吃优笔记：

1 这款面作为辛拉面特别款推出，其实总体感觉并没有特别突出的地方。从它的面饼来说，就是韩式拉面那种筋道爽滑的面条。

2 从它的汤头来说，汤汁偏辣，吃起来比辛拉面的辣感要重，牛肉的味道也不是很突出。

3 一共有三包料，绿色是干燥蔬菜包，红色是韩式辣粉包，金色的是洋葱牛骨粉包。广告里介绍料包中含有大块牛肉，但其实煮完以后并没有看到。

韩国人将辛拉面吃到极致，辛拉面也已经成了韩国人日常必备的食物之一，甚至发展出了专门吃辛拉面的工具和拉面店。在韩国提起拉面，一般指的就是辛拉面，由此韩国也渐渐成为了拉面消费大国，甚至超过了日本。韩国的拉面制作技术是在60年代从日本引进的，据说，是在多食面食以节省大米的政策倡导下，辛拉面很快成为了韩国国民的日常最爱。根据农心官网统计，辛拉面日销量可以达到300万袋，占据韩国拉面市场25%的份额。

1986年，农心在韩国推出了第一包辛拉面，1998年，辛拉面首次进入中国市场。目前辛拉面一共有两款，经典款和为纪念辛拉面面世25周年而特别推出的黑袋辛拉面。

辛拉面甚至成为韩国文化输出的一种载体，目前热销 80多个国家和地区，在中国，辛拉面也已经成为大家最常选择的速食面之一。

25周年特别版的黑袋辛拉面，曾经获得“The Ramen Rater”评选的“世界十大美味拉面”第八名，之后也多次上榜各种网络票选的拉面排名。

(01)

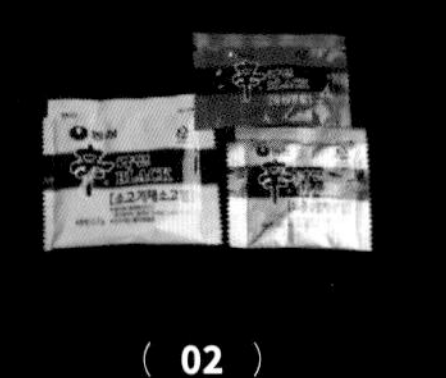

(02)

(03)

营养成分 × 热量消耗

- Per 130g
- 快走1小时

热量 Energy	550kcal
蛋白质 Protein	13g
脂肪 Fat	17g
碳水化合物 Carbohydrates	86g

食用方法

将面饼和料包放入 550ml 沸水中煮约 5 分钟，期间需适时搅拌。

黑袋辛拉面使用黑色作为主色调，文字信息简单，新的设计更加的鲜明和标签化。

这款面的面饼是油炸型，不含味精，配料中加入牛骨汤浓缩粉和小块牛肉粒，浓郁的牛骨味道，加入大量的蒜粉，可以帮助人体从牛骨汤中吸收营养。调味包中含有白菜粉、白砂糖、豆芽粉等，粉包中含有调味酱油粉、胡椒粉、红辣椒粉等，干燥蔬菜包中含有洋葱、大蒜、香菇等。

TIP 这款面的营养成分比例接近黄金营养比例，即碳水化合物：脂肪：蛋白质 = 60:27:13。

＞韩国汤面文化＜

安城汤面

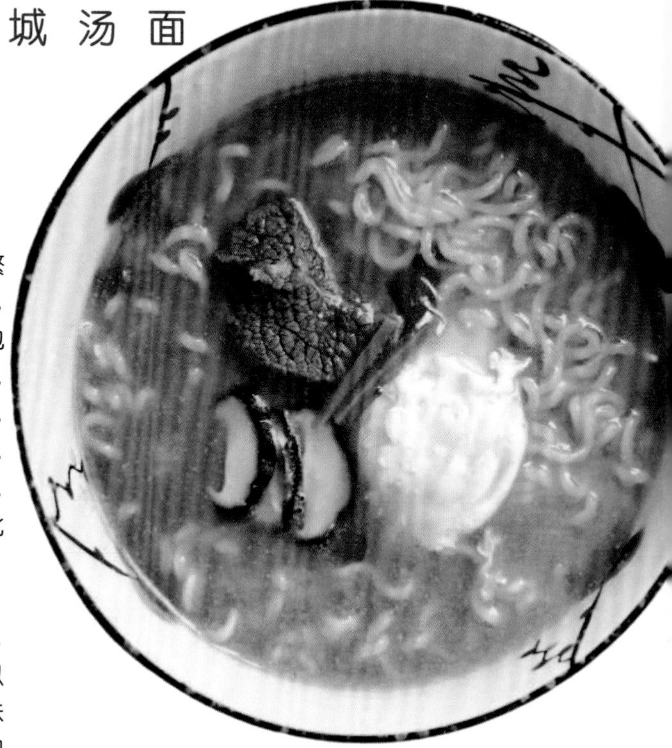

WithEating! 吃优笔记：

1 这款面整体来说比较质朴简单，在如今种类繁多的拉面市场中没什么特点，但也正是这种简单，可以让人更认真地吃到韩国的汤面风味。从料包来说，只有一包调料，简单粗暴；从面饼来说，属于韩国拉面中的细面，筋道耐煮，吃起来很爽滑，但因为是油炸面饼，所以热量偏高；从汤头来说，味道比较单一，牛肉的香味不是很重，入口微辣，但是辣椒的后劲还是蛮足的，韩国辣酱的味道比较重。

2 油炸面饼：把熟面放入加热到 150℃的油脂里炸，可以把水分含量降低到微生物无法繁殖的 10% 以下。因此即使不使用防腐剂也可以长期保存，味道也会更好一些。另外，农心的油炸面一般是把水分降低到 7% 以下。

01

02

营养成分 × 热量消耗

- Per 125g
- 游泳 1小时

热量 Energy	540kcal
蛋白质 Protein	10.8g
脂肪 Fat	17.8g
碳水化合物 Carbohydrates	84g

安城地处韩国京畿道南部，是韩国有名的米粮川，也是著名的牛市。韩国最早将“汤”概念引入拉面的就是这款安城拉面，自 1983 年上市，3 个月内创造了超过 41 亿韩元的销售成绩，第二年更是创造了年销售额超过 200 亿的新纪录。安城汤面的汤底以牛骨、牛肉熬制，搭配大酱、辣椒粉等，汤头微辣鲜美，面条是筋道爽滑的细面，总体来说，是一款极具韩料风味的拉面。

韩式料理中对“汤”极为重视，汤类料理丰富多样，比如大酱汤、泡菜汤、牛尾汤、参鸡汤、海鲜汤、雪浓汤等。汤料基本可以划分为三类：汤菜、汤饭和汤面。一般简单的汤底会使用传统韩式大酱、辣酱、辣椒粉、海鲜、牛肉等熬炖，其中用到的酱料大都是发酵食物。韩式汤料口感清淡、少油，味道较为单一，营养价值高，是韩国人的主打饮食。

韩酱：酱料是韩料的基本调味品，主要负责调节食物的咸淡。古代食盐的纯净度不够，会直接影响人身体对它的摄取，韩国人很早就意识到了这点，因此特别重视酱料的使用和研制，大多数传统食物都会用到韩酱。

韩式酱料主要有：清国酱、大酱、辣椒酱、青苔酱、黄酱、海鲜酱、拌饭酱等，都属于发酵食物。

（ 01 ）

（ 02 ）

（ 03 ）

食用方法

❶ 将 500ml 水煮沸后放入面饼和料包，煮约 5 分钟即可。❷ 建议搭配韩式辣白菜、牛肉、香菇、胡萝卜、荷包蛋等食用。

香菇男子拉面

营养成分 × 热量消耗

- Per 115g
- 爬楼梯 1小时

热量 Energy	482kcal
蛋白质 Protein	10g
脂肪 Fat	14g
碳水化合物 Carbohydrates	78g

01

因为是专门作为男人吃的泡面而面世的，所以用了五味（酸、甜、苦、辣、咸）中的辣味来呈现这种感觉。香菇男子拉面曾经入选 2013 年韩国最辣泡面第三名，如何理解这个辣感，曾有数据说明：韩国最辣泡面也是八道出品的一款——『极地超辣拉面』，它的辣度值为 8557，『火鸡拌面』辣度为 4044，而『香菇男子拉面』的辣度紧随其后，为 3019。

03

WithEating! 吃优笔记：

1 这款男子拉面的面条软硬程度一般，不是很吸汁。

2 料包也不是特别丰富，有一包调味粉包和一包干燥蔬菜包，粉包中主要是大蒜粉和辣椒粉，但是蒜的味道不重。

3 从它的汤头来说，虽然看着红彤彤的，吃起来并没有想象中那么辣，所以不如期待中那么“男子”，建议搭配大蒜粉食用。

（ 01 ）

（ 02 ）

食用方法 ◇◇◇◇

❶ 面饼、料包同时放入 500ml 沸水中煮约 4 分钟。
❷ 加入一个鸡蛋搭配食用更佳。

（ 03 ）

（ 04 ）

泡面的包装设计是以充满男子力的红黑白为主，代言人也都是国民硬汉型，广告词是："让男人思考、流汗的味道"。配料中含有大块牛肉、香菇、辣椒和香葱等，汤底是典型的韩式红辣汤，并加入大量大蒜粉调味。

这款拉面的面条很耐煮，爽滑又 Q 弹，这也是韩国拉面一贯的口感，原因是他们在制作面条的时候会加入比较多的高筋小麦粉，如此一来，面条韧性较足，之后还会经过风干处理，抽走面条里的水分，最后加入土豆粉来增加面条的爽滑度。

60 多种食材制成的速食大餐

香辣蔬菜拉面

WithEating! 吃优笔记：

总的来说，这款面还是蛮普通的，虽然说里面添加了 60 多种蔬菜，但其实并没有看到或者尝出来，干燥蔬菜包中的食材颗粒非常小。

1 面条属于非油炸型，吃起来没什么负担，煮出来的油花并没有很多，口感爽滑耐煮，和一般韩式速食面的面条感觉差不多。料包一共有两个，都是精华的粉包和干燥蔬菜包。

2 汤汁很薄，油花不多，辣椒粉冲人以后，会看到少许沉淀，喝起来不会很辣，和一般得韩式辣味不太一样，因为没有偏甜的感觉，就是纯正的辣粉味，第一口普通，喝到最后会感觉暖暖的。

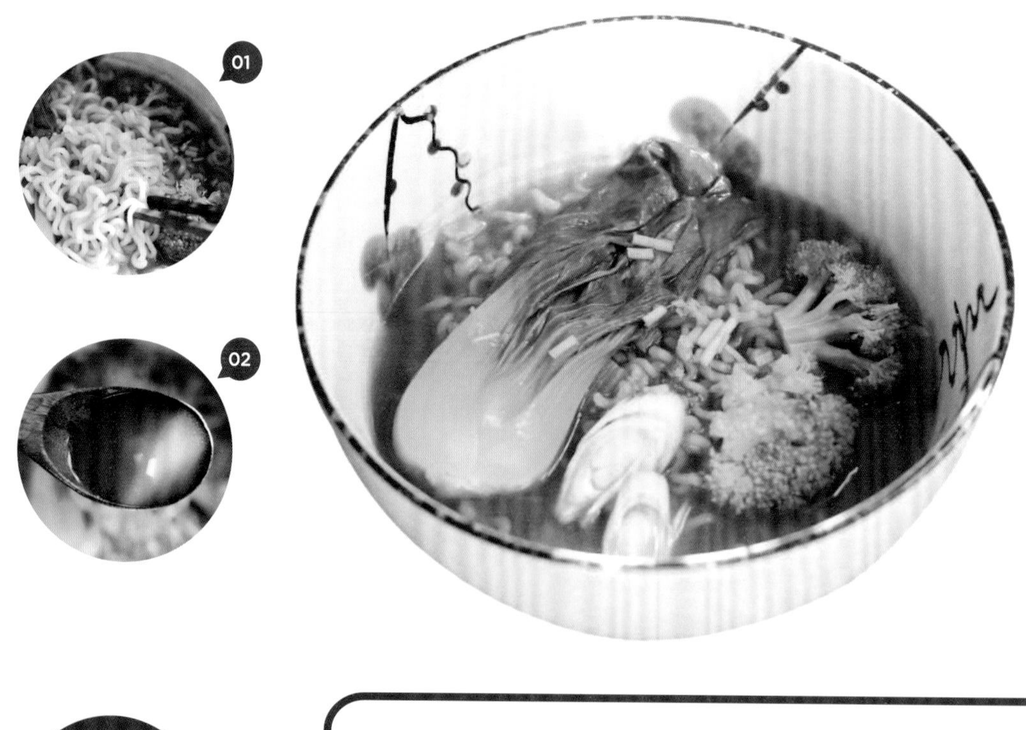

香辣蔬菜拉面是由三养在 2007 年推出的一款速食蔬菜面，据称这款面内含有 60 多种食材，使用非油炸面饼，面条 Q 弹有嚼劲，面粉中加入芝麻粉和土豆淀粉，吃起来面香更浓郁。
蔬菜包里含有青梗菜，香菇，韭葱、红椒、小萝卜、小米椒、胡萝卜等多种脱水蔬菜，粉包中则含有泡菜粉、黑胡椒粉、大蒜粉、红椒粉等，并且使用鳕鱼增鲜。

营养成分 × 热量消耗

- Per 115g
- 爬楼梯 1小时

热量 Energy	480kcal
蛋白质 Protein	10g
脂肪 Fat	16g
碳水化合物 Carbohydrates	74g

(01)

(02)

(03)

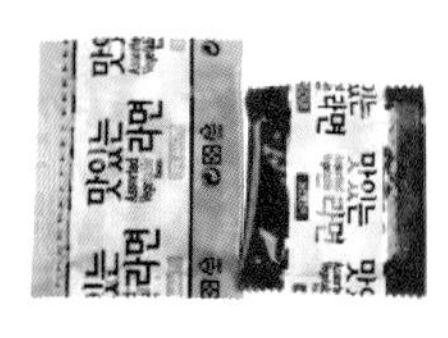

(04)

三养是韩国第一个推出速食面的品牌，1963 年，韩国尚处于贫困时期，普通人吃穿不足，三养的创始人全中尹在日期间曾吃过速食面，多年后一直怀念那种味道，同时他认为在当时，速食面是解决粮食问题的唯一有效途径，之后他将日本的制面技术引入了韩国，于 1963 年 9 月 15 日在韩国推出了第一款速食面。即便在当时财政赤字以及公司管理层反对的情况下，全中尹依旧将拉面的市场价格订为 10 韩币，成为当时市民可以用于果腹的低价食品。

三养速食拉面从 1963 年开始便以一只鸡作为品牌形象，之后主色调从朱黄色变成了现在的红色。

>速食面带来的雷同口味

真辣海鲜拉面

真辣海鲜拉面是由韩国不倒翁推出的一款速食面，主打超辣海鲜味。不倒翁是一家主要贩售面食类的食品公司，目前生产的食品包括速食面、咖喱、番茄酱、蛋黄酱、醋、罐头等。

WithEating! 吃优笔记：

1 面饼属于油炸型，面条是比较粗的卷毛面，有种韩式拌面的感觉，所以煮出来并不会软塌，吃起来偏硬，口感很爽滑。

2 汤汁的海鲜味并没有很重，刚开始喝的时候辣感也不是很重。跟一般的韩式拉面的汤底不太一样，这款比较油腻，颜色呈深红色，比较浓稠。

3 料包一共有三种：酱包、油包、干燥蔬菜包，分量还是蛮足的，煮制的时候需要先放入蔬菜包和油包，最后出锅前放入油包。

营养成分 × 热量消耗

- Per 130g
- 游泳 1小时

热量 Energy	506kcal
蛋白质 Protein	13g
脂肪 Fat	16g
碳水化合物 Carbohydrates	77g

韩国一些拉面店常会用这款拉面的汤包作为店里海鲜面的汤底，因此这款面的汤底味道应该蛮正宗的，另外这款面也曾多次出现在综艺节目中，知名度也是蛮高的。

韩国的海鲜使用率特别高，所以韩国的大型海鲜市场有很多。比如鹭梁津水产市场，如今已经成为了著名的旅游地，这里聚集了各种海鲜，但是地方非常质朴、接地气，没什么特别的装饰，一进去就是一个个的海鲜铺子。除此之外，这里还有很多海鲜餐厅，一般在上层市场购买到新鲜海产，再到地下 1-2 层的海鲜饭店加工食用。
鹭梁津水产市场：位于韩国首尔铜雀区的鹭梁津洞，成立于 1927 年，前身是位于首尔站附近中区义州路的“京城水产市场”，后于 1971 年搬至鹭梁津洞。

很多人认为韩国速食面的口味基本都是一样的，即使使用的风味食材有所改变，最终的韩式辣味还是很相似的。有一个原因是说，韩国速食面的民众接受度较高，经过各种试验和调查，大家发现这种口味的拉面最受欢迎，所以慢慢地，商家推出的口味也越来越雷同，一定程度上可以说，速食面的发展也同时牺牲了消费者的多样化味觉。

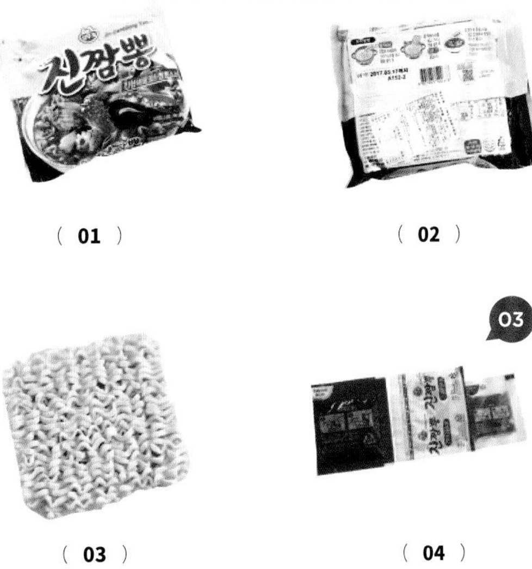

(01)　(02)　(03)　(04)

食用方法 ◇◇◇◇

❶ 菜包倒入 500ml 沸水中，拌匀后再倒入酱包，煮约 1 分钟。
❷ 放入面饼煮约 4 分钟，出锅前倒入油包，拌匀即可。

>韩式高汤的秘密<

鳀鱼海鲜手擀面

WithEating! 吃优笔记:

1 从它的面饼来说，属于宽面，面条煮开后很吸汁，非常有嚼劲，很像手擀面。

2 从它的汤头来说，味道鲜美不油腻，并且整包面的卡路里很低，喝起来也没有什么负担。

3 从它的料包来说，一共有两包料，很简单，依旧贯彻韩式拉面一贯的没有油包，粉包中可以看到小颗粒，据说是海鲜浓缩颗粒。

说到韩式高汤的鲜，就必须提一下鳀鱼，这种生活在温带海洋中上层的鱼类，常被加工成咸干货，成为很多韩国家庭必备的做汤神器，比如制作大酱汤、泡菜汤等，即使不使用味精、肉精也能制作出非常鲜美清爽的汤底。

我国的鳀鱼品种是“日本鳀”，主要分布在渤海、黄海和东海海域，鳀鱼营养价值丰富，富含人体所必需的氨基酸。

营养成分 × 热量消耗

- Per 98g
- 中度有氧运动 1小时

热量 Energy	335kcal
蛋白质 Protein	9g
脂肪 Fat	0.4g
碳水化合物 Carbohydrates	74g

这款鳀鱼海鲜手擀面于 1997 年推出市场，使用非油炸手擀面条，面条属于韩式拉面中的宽面，面粉中除了小麦粉还加入了海鲜粉，汤底主打韩式经典鳀鱼口味，搭配萝卜、鸡蛋丝等，味道清爽不油腻，同时也是一款低卡健康面，不含反式脂肪和胆固醇。

鳀鱼手擀面是韩国传统家庭料理，所以这款面也属于一款怀旧面，将家庭味道做成速食面，简单搭配蛤蜊、西红柿、虾仁、葱花、香菇等，只需要几分钟就可以体验正宗韩式家常拉面。

面饼属于韩式拉面中的干面。

干面：熟面后不炸而是以热风自然干燥的面。把熟面放入 100°C 左右热风循环的热风干燥器，通过大约 30 分钟的时间干燥而成，也称“热风干燥面”。跟油炸面相比，它的组织更紧密，烹饪时间稍长，但因没有油性，吃起来清爽不腻。

(01)

(02)

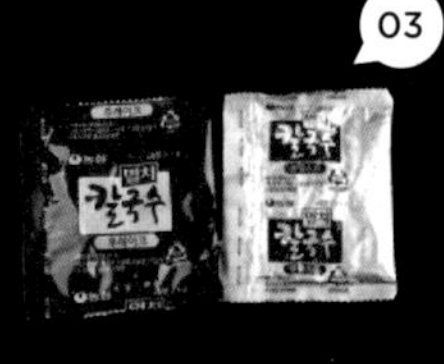

03

(03)

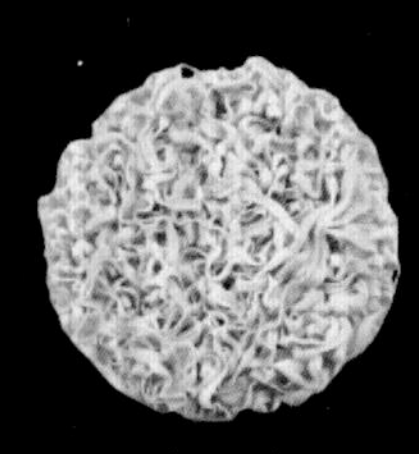

(04)

食用方法

❶ 面饼和料包放入 550ml 的沸水中，煮约 5 分钟，期间不断搅拌。❷ 关火盛碗后可加适量葱花搭配食用。

＞韩国石锅文化＜

石 锅 牛 肉 拉 面

营养成分 × 热量消耗

- Per 120g
- 快走 1小时

热量 Energy	513kcal
蛋白质 Protein	11g
脂肪 Fat	18g
碳水化合物 Carbohydrates	77g

WithEating! 吃优笔记：

1 农心的这款拉面很好地还原了韩式料理中的石锅牛肉风味，面饼是比较粗的卷毛面，很耐煮，吃起来很有嚼劲，据说是农心特别研究的 3mm 的粗度，比一般的面条会更有 Q 弹的感觉。

2 汤汁中牛肉的味道不是很重，或者说几乎闻不到，但是有很典型的韩式辣酱的味道。

3 料包就是简单的粉包和菜包，不是很有特色，做的时候建议放入喜欢的蔬菜，增加层次感，或着可以放入火锅中吃，会很不错。

农心系列拉面一共有 9 种口味，除了 116g 的咖喱拉面，120g 系列占 8 种，分别是辣白菜拌面、辣白菜拉面、香菇牛肉辛拉面、乌冬面、土豆排骨拉面、鲜虾味辛拉面、芝士辣白菜拉面以及石锅牛肉拉面。

石锅：用石头做的锅子，质地硬，预热快，不粘锅，并且含有对人体有益的各种微量元素。

这款石锅牛肉拉面是以韩国传统石锅煮制的牛肉为味型，灵感来源于韩国饮食中的石锅文化，在韩式料理中有很多食物都是以石锅作为特色，比如石锅拌饭、大酱汤、石锅豆腐汤等。其中石锅拌饭在韩国文化中有“爱情”之意，男士要给女士将饭拌好，如果女士无法完全吃光，男士就该将剩下的全部吃掉，以表达对女方的爱意。

韩国饮食中也有很多以牛肉为原料的食物，比如烤肉、牛肉拌饭等。牛肉在韩国的价格也比较高，其中韩牛是最受欢迎的牛肉种类，由欧洲牛和韩国牛混种而成，因为严格的血统控制和品质管理等，韩牛的口感比较稳定，肉质也很嫩滑。对于韩牛，韩国人有着自己的执念，他们称之为“身土不二”，意思是自己生长的土地上长出来的东西才是最适合自己的。

农心拉面的面饼主要分为：

油炸面

干面

挤压干面

生面

冷冻面

①	油炸面饼	熟面后油炸的面。将熟面放入加热到150℃的油脂中炸，可以将水分含量降低到微生物无法繁殖的10%以下。
②	热风干燥面	熟面后不炸而是以热风自然干燥面。
③	挤压干面	经过挤压再通过热风自然干燥的面，也属于干面种类，因进行过强力挤压，面条更加有弹性。
④	生面	水分含量较高，煮制时间短。
⑤	冷冻面	将熟面放入冷却水中并急速冷冻的面，食用时只要解冻即可，制作速度快，最大程度地保留了和面时的特征，味道也如刚做完一样，顺滑有弹性。

将熟面放入100℃左右热风循环的热风干燥器，通过大概30分钟而干燥成的面，也称为“热风干燥面”，同油炸面相比，它的组织更紧密，煮制时间微长，因为没有油性，所以味道比较清淡。

（01）

（03）

（02）

（04）

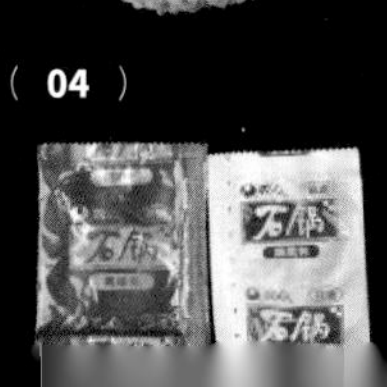

食用方法

❶ 将面饼、粉包、蔬菜包放入550ml沸水中，煮约4-5分钟即可。

❷ 建议添加大块卤牛肉、葱花、洋葱、香菇片、小米椒，味道更佳。

印度风味的韩式拉面

咖喱牛肉拉面

WithEating! 吃优笔记：

营养成分 × 热量消耗

- Per 116g
- 爬楼梯 1小时

热量 Energy	493kcal
蛋白质 Protein	8g
脂肪 Fat	14.1g
碳水化合物 Carbohydrates	66.5g

1 这款拉面的面饼属于油炸宽面，很耐煮，吃起来很有嚼劲。

2 从它的配料来说，一共有两包料，干燥蔬菜包里虽然有很多脱水蔬菜，但是煮出来都神奇般地不见了。

3 从它的汤头来说，喝起来有咖喱的辛辣味，但是味道还是偏淡，感觉咖喱配面就要越浓越好，所以做这款面的时候还是建议大家少加水。

咖喱作为泛亚调料，已经成为了亚太地区的主流菜肴之一，一般咖喱汤汁会随肉或者饭一起食用，而这次农心将咖喱引入韩式拉面中，筋道爽滑的面条裹着浓厚的咖喱汤汁，竟然意外地美味，也由此俘获了不少“吃货”的心。

粉包中是用姜黄粉、茴香等十余种原料制成的咖喱粉，同时辅以鲜嫩牛肉熬炖的浓郁汤汁，加上牛骨提取物、大蒜粉和黄豆酱，味道十分丰富。脱水蔬菜包中则有青梗菜、胡萝卜、青葱等。没有油包，汤汁清爽，喝起来没有负担。

(01)

(02)

食用方法 ◇◇◇◇

❶ 将面饼放入 500ml沸水中，加入料包和蔬菜包煮约 1分钟左右。❷ 打入1个鸡蛋，继续煮约 2分钟至面条略透明即可。

(03)

(04)

TIP 青梗菜：也称为“小白菜”。

韩式街头小吃八

炒年糕拉面

1 从它的面饼来说，面条更接近那种手工粗面，非常耐煮。

2 从它的汤头来说，煮面的时候一定要控制好水量，将汤汁黏稠，吃起来才会很棒。

WithEating! 吃优笔记：

3 从它的料包来说，分量很足，辣味也很重，酱料包很厚重。虽然拉面中没有年糕，但是这样丰富的酱料感觉就是为年糕而配的。

炒年糕拉面是韩国八道推出的一款少汤系列拉面，主打韩式辣年糕口味。八道（paldo）食品公司创立于 1983年，是韩国有名的老牌速食拉面品牌，目前由八道推出的比较常见的拉面系列有 21款。

营养成分 × 热量消耗

- Per 145g
- 打手球1小时

热量 Energy	570kcal
蛋白质 Protein	10g
脂肪 Fat	24g
碳水化合物 Carbohydrates	95g

(01)

(03)

03

(02)

(04)

炒年糕本是中国传统年节特色食物，它有很多种做法，使用不同的原料，最终的成品也相差甚远。炒年糕自古代传入朝鲜半岛以后，这种中国的平民饮食迅速得到了韩国人的喜欢，经过韩式饮食的改良和发展，成为了现在韩国最有代表性的街头小吃。在韩国，正宗的炒年糕并非是用油炒出来的，而是用汤汁煮出来的，软糯的年糕搭配浓厚的韩式辣汁，吃起来非常过瘾。

八道将韩式炒年糕风味同拉面相结合，面条筋道爽滑，裹蘸着甜辣口的年糕汤汁，吃到最后也可以加入米饭做成拌面。泡面本身不含年糕，只是把做年糕的酱汁放在了料包中作为拉面的汤底。

食用方法 ◇◇◇◇

将面饼和料包放入 400ml 沸水中煮约 4 分钟，期间可以放入年糕、蔬菜、鸡蛋或者鱼饼等食材。

＞韩式辣面的骨气＜

极地麻辣汤面

WithEating! 吃优笔记：

1 面条有韧性，比较硬，吃起来有浓郁的小麦香味。

2 汤底不仅有辣味，喝起来感觉层次非常丰富。主要是用辣椒粉来调兑的，跟使用辣椒酱调兑的感觉明显不一样，汤汁比较薄，喝到最后能看到碗底有些许粉末沉淀。

01

3 干燥菜包中食材比较多，大多是用来提鲜的。

02

营养成分 × 热量消耗

- Per 120g
- 爬楼梯 1小时

热量 Energy	490kcal
蛋白质 Protein	11g
脂肪 Fat	15g
碳水化合物 Carbohydrates	78g

极地麻辣汤面是八道推出的一款速食拉面，曾经上榜“The Ramen Rater”评选的“2015年全球十大最辣泡面”第四名，名次紧跟三养火鸡面，但在实际的辣度排行中，极地麻辣汤面的辣度却远远高于火鸡面。

极地麻辣汤面的生产商“Teumsae”是韩国有名的拉面店品牌，这款面也正是“Teumsae”的招牌拉面。“Teumsae”自1981年创立，因为最开始店面狭窄，所以又被称为缝隙拉面店，至今极地麻辣汤面已盛行20多年，因为喜欢的人太多，所以由八道推出了这款面的速食版，依旧保持原本拉面的辣度，面饼采用油炸型，选用杜兰小麦，做出的面条高密度、高蛋白，吃起来爽滑又有嚼劲。汤汁中加入大蒜粉、酱油粉、辣椒粉、豆浆粉、蘑菇浓缩汁、酵母粉、黑胡椒粉等，口感丰富多样。干燥蔬菜包里则有脱水卷心菜、大葱、辣椒丝和蘑菇。

韩式拉面辣度排行

(单位：SHU)

八道极地麻辣汤面	8557
不倒翁辛辣拉面	5013
三养火鸡面	4044
八道男子拉面	3019
农心辛拉面	1320
三养拉面	1062

① 瓜尔胶：速食面面饼中最常见的一种食品添加剂，食品瓜尔胶是从瓜尔豆中提取而来，目前已被GMP和联合国世界卫生组织批准用于食品添加剂。面饼中的瓜尔胶，主要是为了改善面体柔韧，控制含油量。

② 杜兰小麦：野生小麦和野生山羊草杂交而成，质地坚硬，是意大利面食最常使用的小麦品种。

(01)

(02)

(03)

(04)

食用方法 ◇◇◇◇

将面饼放入500ml沸水中煮约4分钟，倒入料包，继续煮约1分钟即可。

>“三无”清真选择<

纯拉面

3 一共有两包料，使用绿色作为主色，粉料呈黄色，里面加了韩国辣椒粉；干燥蔬菜包中能看到大块的青菜和胡萝卜。

03

04

2 汤头喝起来有微微辣感，没有特别刺激性的味道，香菇的味道稍微重一些。

02

1 这款面是速食面中少见的纯素面，从它的面饼来说，面条偏硬，吃起来筋道爽滑，跟一般的韩式拉面差不多，没[illegible]什么特别的地方。

01

纯拉面是由农心于 2013 年推出的一款纯蔬菜拉面，主打“三无”：无味精、无肉、无反式脂肪，且带有清真（HALAL）认证。这款泡面在 2016 年世界十大顶级泡面榜单排行第九名，是十大泡面中唯一一款纯素面。

清真（HALAL）食品：符合伊斯兰清真食品标准的食品。清真食品不仅仅是不包含猪肉、驴肉，并且即使是其他家禽的肉，若宰杀时没有诵经，以真主之名宰杀，都不能算为清真食物，且清真食物从生产到运输都有自己严格的专用体系和配套措施。古汉语中，“清真”食物原有“纯真朴素、幽静高洁”的意思。

营养成分 × 热量消耗

- Per 112g
- 爬楼梯 1小时

热量 Energy	480kcal
蛋白质 Protein	10g
脂肪 Fat	16g
碳水化合物 Carbohydrates	75g

除了清真认证，还有 Vegan认证，因为是纯蔬菜拉面，从料包到汤头、面饼，都严格按照素食标准制作，所以也是严格素食主义者可以食用的一款面。

严格素食主义(Vegan)：与普通素食者(vegetariarism) 不同，普通素食者仅仅是不吃肉，但并不排斥乳制品或其他动物制品，而严格素食者则是严格避免所有动物制品的人。

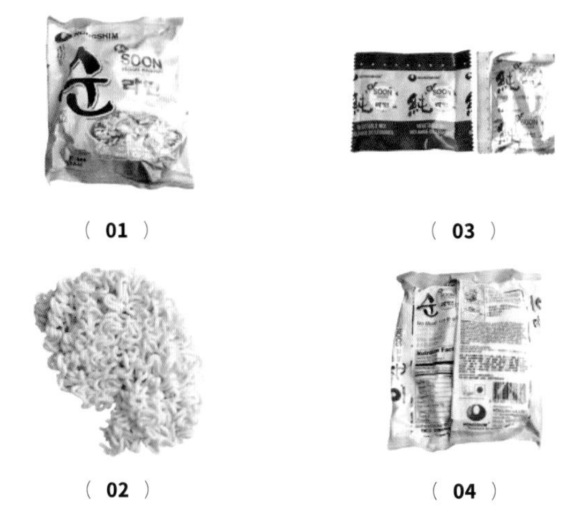

（ 01 ） （ 02 ） （ 03 ） （ 04 ）

这款拉面的面饼属于油炸面饼，料包中含有大量植物浓缩粉，比如大蒜粉、生姜粉、青葱粉、绿茶提取物、香菇粉、辣椒粉、玉米粉和用于增鲜的水产海带粉。只使用蔬菜提味，所以吃起来更爽口、清淡。

食用方法 ◇◇◇◇

❶ 将面饼、料包放入 500ml沸水中。❷ 建议放入配菜香菇、青菜、蒜片等，煮面期间不断搅拌，煮约 5分钟即可。

最火的韩式辣面

火鸡拌面

这款火鸡拌面是韩国三养推出的一款速食拉面，“三养”的“三”是指天、地、人，“养”则是指营养，从基本出发，用简单的食材带给顾客稳定和丰富的营养，是三养食品的宗旨。

WithEating! 吃优笔记：

1 从它的面饼来说，面条非常筋道有嚼劲，即使煮了很久依旧不软塌，吃起来很棒。

2 从它的料包来说，一共有两个，一个干燥蔬菜包，里面有海苔和芝麻，非常适合拌入这款辣面中。还有一个辣酱包，就是这款辣面的灵魂了，分量很足，全部加入的话就会非常辣，可以加一半。这个辣味中有一点甜味，吃到嘴里还好，但是后劲儿特别大，容易烧心，有肠胃问题的建议不要尝试。

营养成分 × 热量消耗

- Per 140g
- 快走1小时

热量 Energy	530kcal
蛋白质 Protein	12g
脂肪 Fat	16g
碳水化合物 Carbohydrates	85g

面饼属于非油炸，使用了韩国本土小麦，经过“和面、切条、蒸煮、冷却”，面条爽滑筋道。料包中加入鸡肉风味粉调味，干燥蔬菜包中则有炒芝麻和脱水海苔。这款面因为辣感超重，味道又很不错，所以成了网友心中排名第一的韩式辣面，曾多次上榜世界最辣泡面排行榜。

韩国人喜欢吃辣，家常菜中都会放入辣椒调味，但是韩式辣酱吃起来会有比较特殊的香甜口感。韩国最有名的辣椒产地就是青阳郡，青阳郡是韩国忠清南道中部的一个郡，这里自然环境很好，水质清澈，具有“韩国第一清净区”的美誉，地形多由山谷和盆地构成，腐殖质较多，非常适合辣椒的种植，因此青阳辣椒在韩国农产业中有着很高的地位。这款辣面使用的辣椒就是青阳辣椒，辣度在 4000 – 10000 之间，相当于 5 倍干辣椒（1000 – 2000）的程度。目前这款辣面不算是韩国最辣的速食面，但是因为好吃，几乎成了韩国辣面的代表。

这款面需要一口气吃到底，中途停下的话，辣感就会更重，喝水没有什么用，只会加重辣度，可以喝牛奶，这是网友总结的经验。

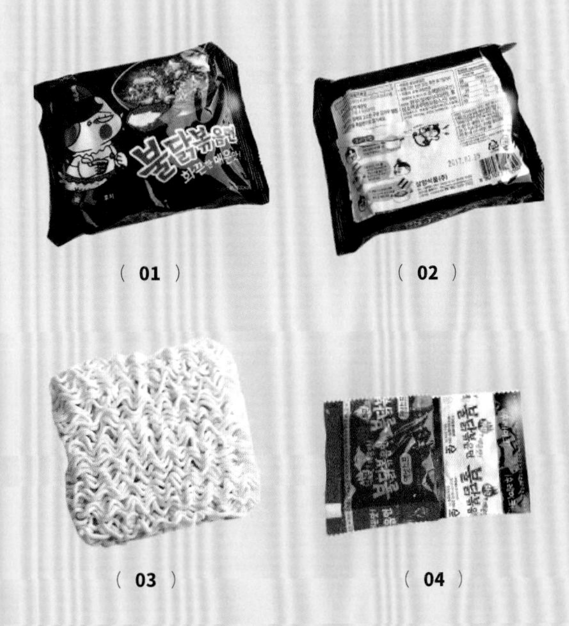

（01） （02）

（03） （04）

食用方法 ◇◇◇◇

❶ 面饼放到沸水中大火煮约 5 分钟，转小火煮约 2 分钟，关火，将水倒掉。（留少许水，保持面条湿润。） ❷ 将辣酱拌入面条中即可。

健康的白汤辣面与香浓鸡汁搭配

咕咕鸡丝香辣拉面

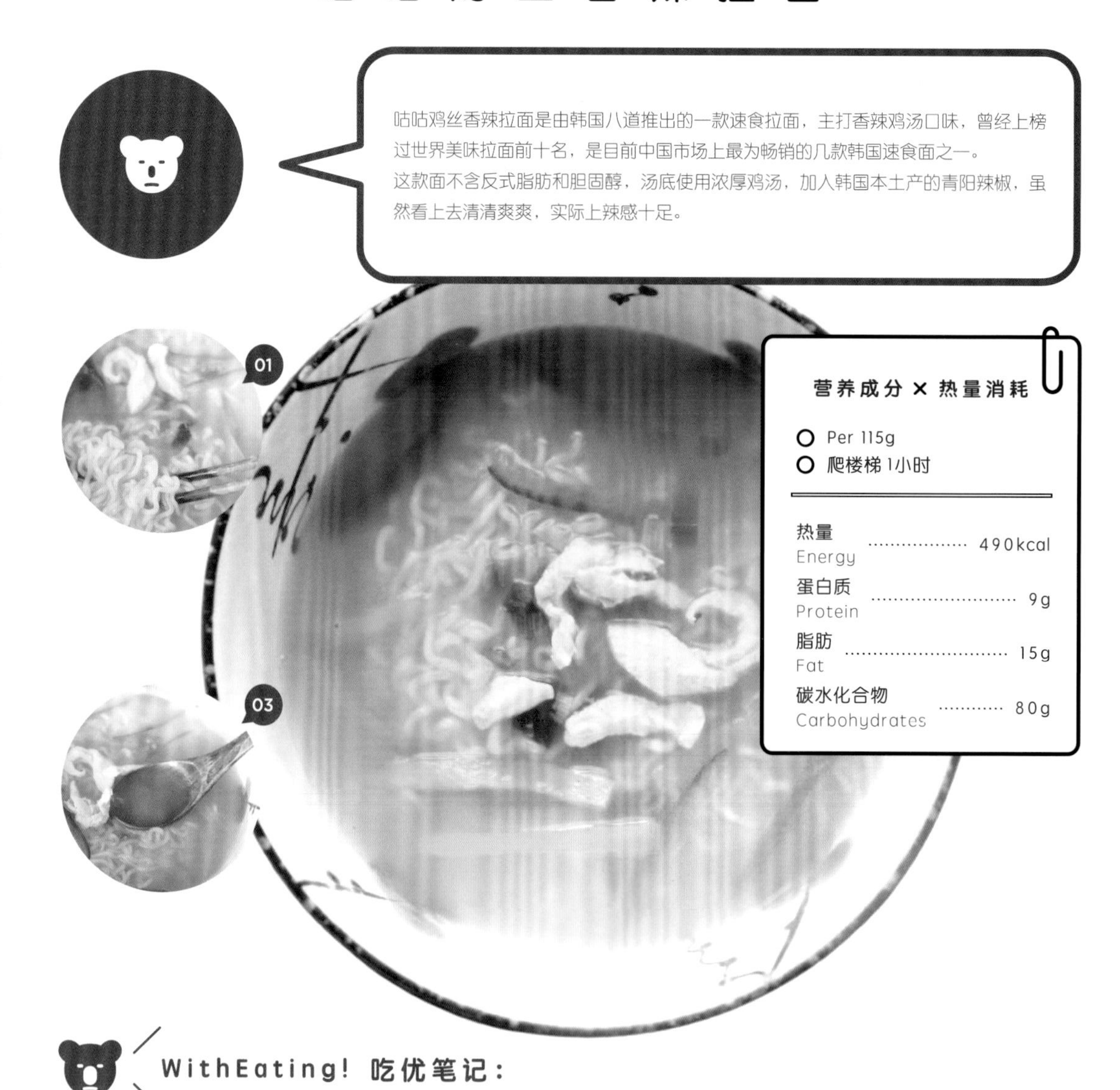

咕咕鸡丝香辣拉面是由韩国八道推出的一款速食拉面，主打香辣鸡汤口味，曾经上榜过世界美味拉面前十名，是目前中国市场上最为畅销的几款韩国速食面之一。
这款面不含反式脂肪和胆固醇，汤底使用浓厚鸡汤，加入韩国本土产的青阳辣椒，虽然看上去清清爽爽，实际上辣感十足。

营养成分 × 热量消耗

- Per 115g
- 爬楼梯 1小时

热量 Energy	490kcal
蛋白质 Protein	9g
脂肪 Fat	15g
碳水化合物 Carbohydrates	80g

WithEating! 吃优笔记：

1 面条非常耐煮，煮好后，呈现黄色略透明的感觉，吃起来很弹牙。

2 料包一共有两个，一个干燥包，里面有鸡丝、青菜和辣椒，但是煮出来发现鸡丝非常少，几乎看不到，可能只是起到提味的作用吧；一个粉包，里面添加了辣椒粉和其他提香浓缩粉等。

3 汤头很清爽，略呈混浊色，表面浮有少量鸡油，喝起来鸡肉的香味浓厚，口感微辣，里面还添加了韩国的青阳辣椒。

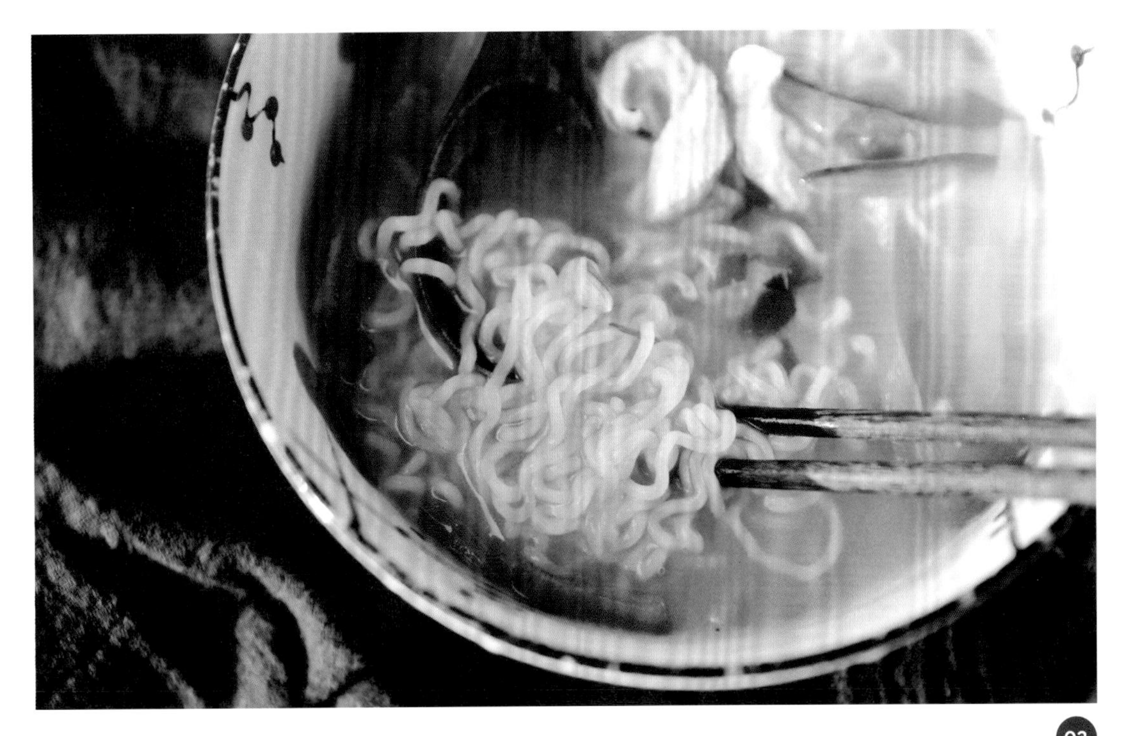

02

食用方法 ◇◇◇◇

❶ 将面饼和料包放入 500ml 沸水中煮约 3-4 分钟。 ❷ 建议搭配葱和青辣椒食用，更能激发鸡汤的香味。

在韩国，速食面的历史悠久，甚至已经成为政府用来调控市场的重要手段，并将其作为一般消费物价指数的参考数字。速食面能够进入韩国正是因为当时韩国的米饭供应不足的原因，之后速食面也一直被认为是平民化的“国民美食”。也由此，韩国的很多拉面品牌更加注重制作本土口味，将本土饮食融入速食面中，并推向全世界。

虽然韩国的速食拉面文化盛行，但是一般速食面的辣味都偏甜辣，汤底也是以红汤为主，整体来说，口味偏单一。所以这款咕咕鸡丝面甫一推出，就因其白色辣汤底，成为韩国销量

韩式拉面的口味并不像其日常饮食那样素淡，往往是比较重口的搭配，这是因为在韩国拉面行业，有一个潜在的认知：“拉面的咸味和销售量是成正比的”，当然这种认知也是在科学调查的基础上，因为以盐增味，也由此引发了各种钠含量过高致病的事件。第一的速食拉面。目前韩国的拉面主要分为红汤和白汤两种，这款咕咕鸡丝拉面就是白汤中的代表。

辣白菜和芝士的完美搭配

辣白菜芝士拉面

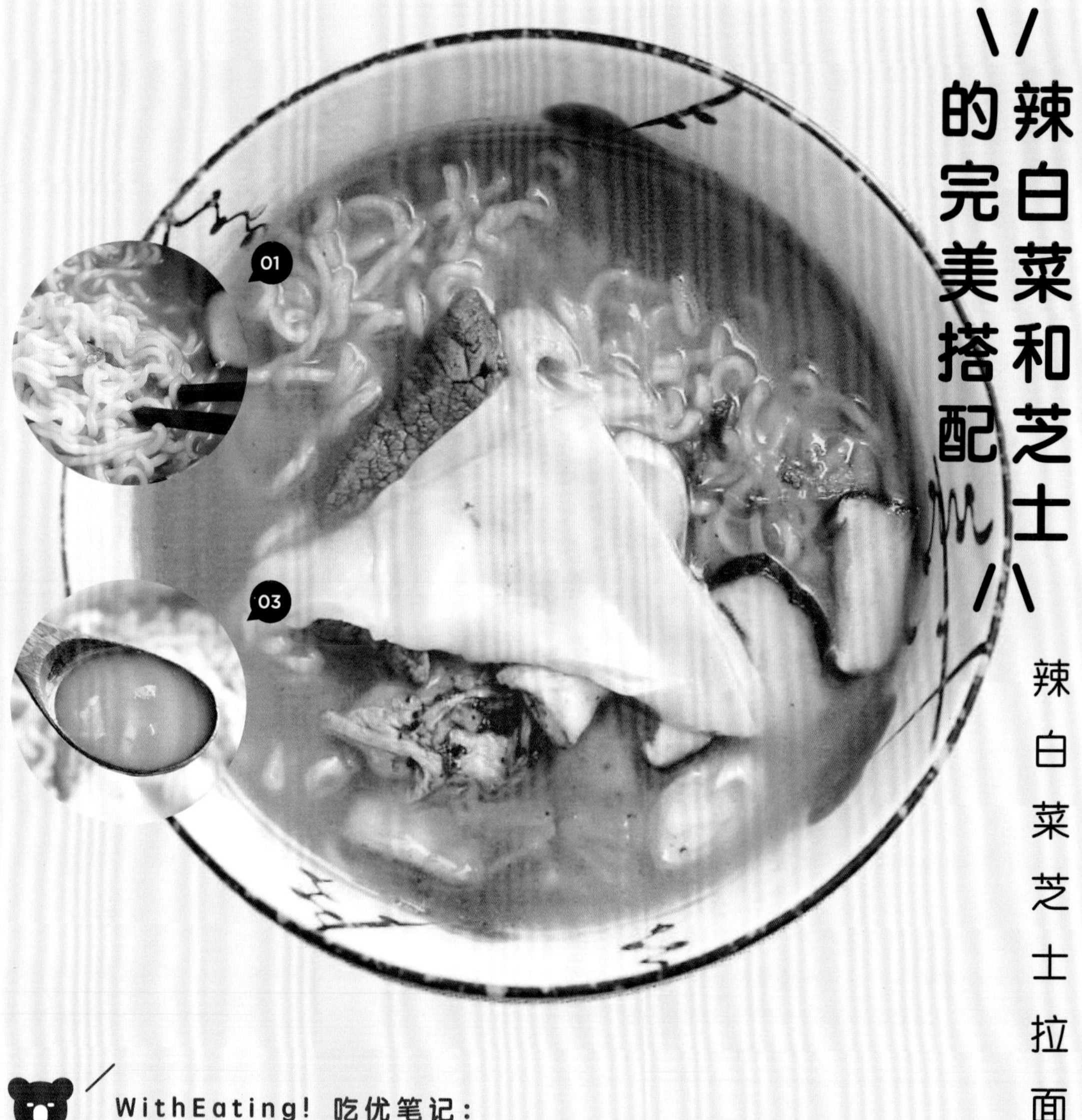

1 从它的面饼来说，很耐煮，吃起来很有嚼劲，并且分量很足。

2 从它的料包来说，只有两包料，一包汤料粉包，一包干燥蔬菜包。

3 从它的汤头来说，芝士味稍显淡，汤汁口感比较丰富，但是喝多了会很腻，辣白菜的味道也很淡，吃起来不够辣。

由农心推出的这款辣白菜芝士拉面，是以韩国目前最受欢迎的“芝士＋辣白菜”的组合搭配作为灵感，使用非油炸面饼，面条爽滑有嚼劲，除了添加一般速食面中的用料外，还加入大蒜混合液、茶多酚。

茶多酚：茶叶中多酚类物质的总称，又称“茶单宁”或“茶鞣”，是形成茶叶色香味的主要成分之一，也是茶叶中有保健功能的主要成分之一，有研究表明，茶多酚等活性物质具有解毒和抗辐射的作用。

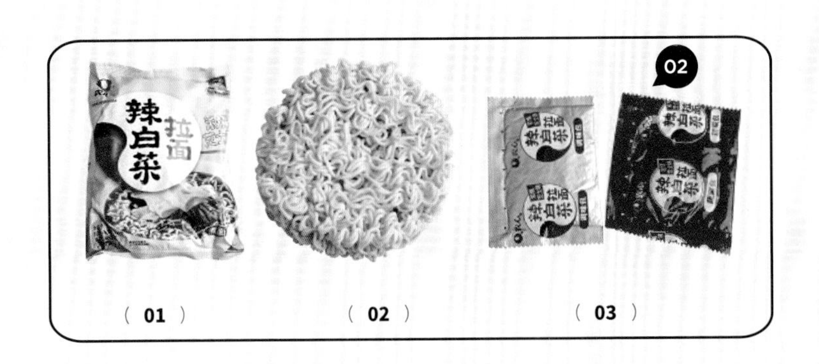

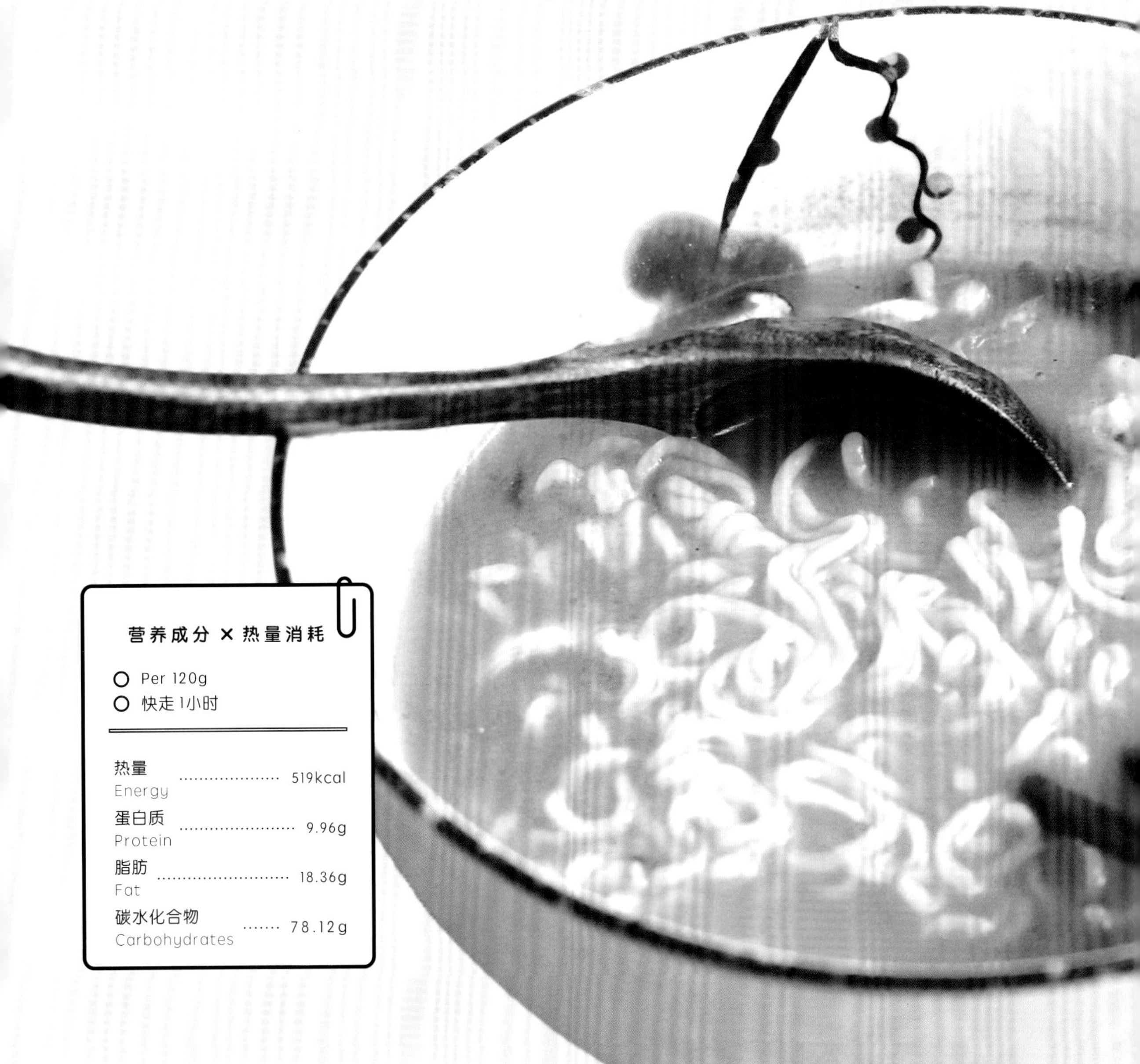

营养成分 × 热量消耗

- Per 120g
- 快走 1小时

热量 Energy	519kcal
蛋白质 Protein	9.96g
脂肪 Fat	18.36g
碳水化合物 Carbohydrates	78.12g

汤料包中含有辣白菜汁粉、糯米粉、芝士粉、香菇粉、全脂奶粉等，芝士味道浓郁且汤底醇厚。蔬菜包中含有脱水辣白菜和脱水青葱。

农心目前推出了多款辣白菜系列拉面，其中最为有名的是：辣白菜拉面、辣白菜拌面和辣白菜芝士拉面。

寒冬不如来一碗热乎乎的辣乌冬

乌龙面

营养成分 × 热量消耗

- Per 120g
- 游泳 1小时

热量 Energy	516kcal
蛋白质 Protein	9g
脂肪 Fat	17g
碳水化合物 Carbohydrates	81g

WithEating! 吃优笔记：

01

1 这款面属于油炸型，所以吃起来非常香，煮完后，面条筋道爽滑，同一般的面条相比，这款面明显比较粗，所以也很耐煮。

2 汤底的海鲜味比较浓厚，加入了韩国辣粉调味，简单的海鲜味搭配温和的辛辣味，吃起来非常过瘾。

02

03

3 料包共有三个，一个海鲜调味粉包，一个干燥蔬菜包，还有一块海苔。

(01)

(02)

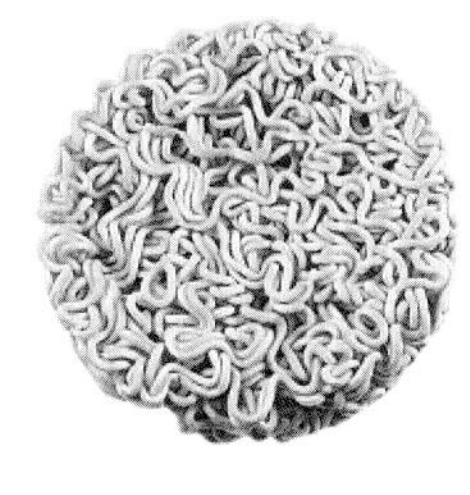

(03)

(04)

乌龙面是韩国农心于 1982年推出的一款速食乌冬面，是韩国最早的将乌冬面速食化的品牌，属农心长销速食拉面。

这款乌龙面的包装依旧使用简单的面名＋成品图的形式，背面则是常规的食品信息。这款面的面饼属于油炸型，面条中加入了比较特殊的“米糠风味液”，其中含有葡萄糖浆和米糠油。米糠油是将稻米在加工过程中产生的米糠，通过压榨法或浸出法制取的一种稻米油，营养价值丰富，在欧美国家和橄榄油齐名。汤底中加入了大蒜粉、鱿鱼粉、海带粉、蛤蜊粉、辣椒粉等提味，所以这款拉面的主打也是辣味海鲜汤底。菜包中则含有脱水海带、脱水胡萝卜和脱水裙带菜等。

乌龙面即乌冬面，是一种以小麦为原料的面食，属日本特色食物之一，口感介于切面和米粉之间，面体偏软，配以熬制的汤汁，非常美味。在日本，正宗的乌冬面一般会搭配裙带菜、蔬菜天妇罗、小葱等食用。

食用方法 ◇◇◇◇

面饼和料包放入 550ml沸水中煮约 4-5分钟即可。

韩餐专用面

火锅拉面

01

WithEating! 吃优笔记：

这款拉面是非常特别的一款速食面，因为它是专门为韩餐而生产的。韩式拉面的面条爽滑耐煮，并且吃起来非常有嚼劲，除了可同料包一起食用外，在韩国还常常作为一种火锅食物食用，比如部队火锅。

1 从它的面饼来说，是油炸型，油的味道比较重，但是闻起来有一点点奇怪的感觉，干吃并不是很脆，若加入很多食材和韩式辣酱一起食用，感觉还不错。

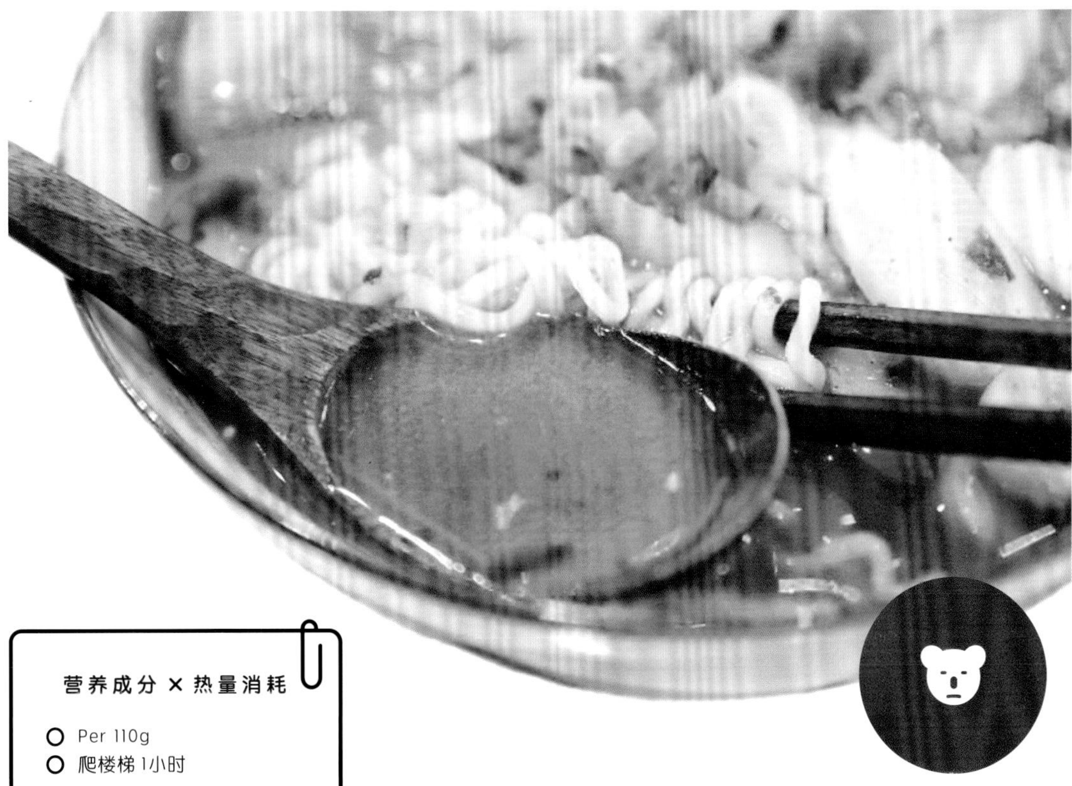

营养成分 × 热量消耗

- Per 110g
- 爬楼梯 1小时

热量 Energy	483kcal
蛋白质 Protein	10g
脂肪 Fat	16g
碳水化合物 Carbohydrates	74g

这款火锅拉面是韩国不倒翁推出的一款速食拉面，包装设计非常简单，使用了明亮的黄色作为主调，因为价格便宜，所以成为了韩国餐饮专用拉面，尤其比较常用于部队火锅中。但是需要特别说明的是，这款拉面没有料包，仅有一块面饼，所以在家里只想将泡面作为配料来吃的话，可以选择这款拉面。

(01)

(02)

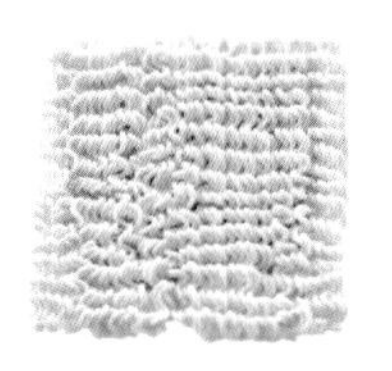

(03)

食用方法 ◇◇◇◇

可以添加到火锅、部队火锅、麻辣烫等中食用。

部队火锅，源自 1950 年朝鲜战争后的议政府市，当时由于战争导致物资短缺，美军基地内剩余的香肠、罐头、午餐肉等被民众拿去搭配韩式辣椒酱食用了。如今，部队火锅中一般会添加泡菜、洋葱、青葱、培根、年糕、芝士等。

不倒翁是韩国家喻户晓的速食拉面品牌，创建于 1969 年，1971 年确立为食品公司，1973 年正式改名为不倒翁食品公司。

这可能是韩国最好吃的芝士拉面了！

芝士拉面

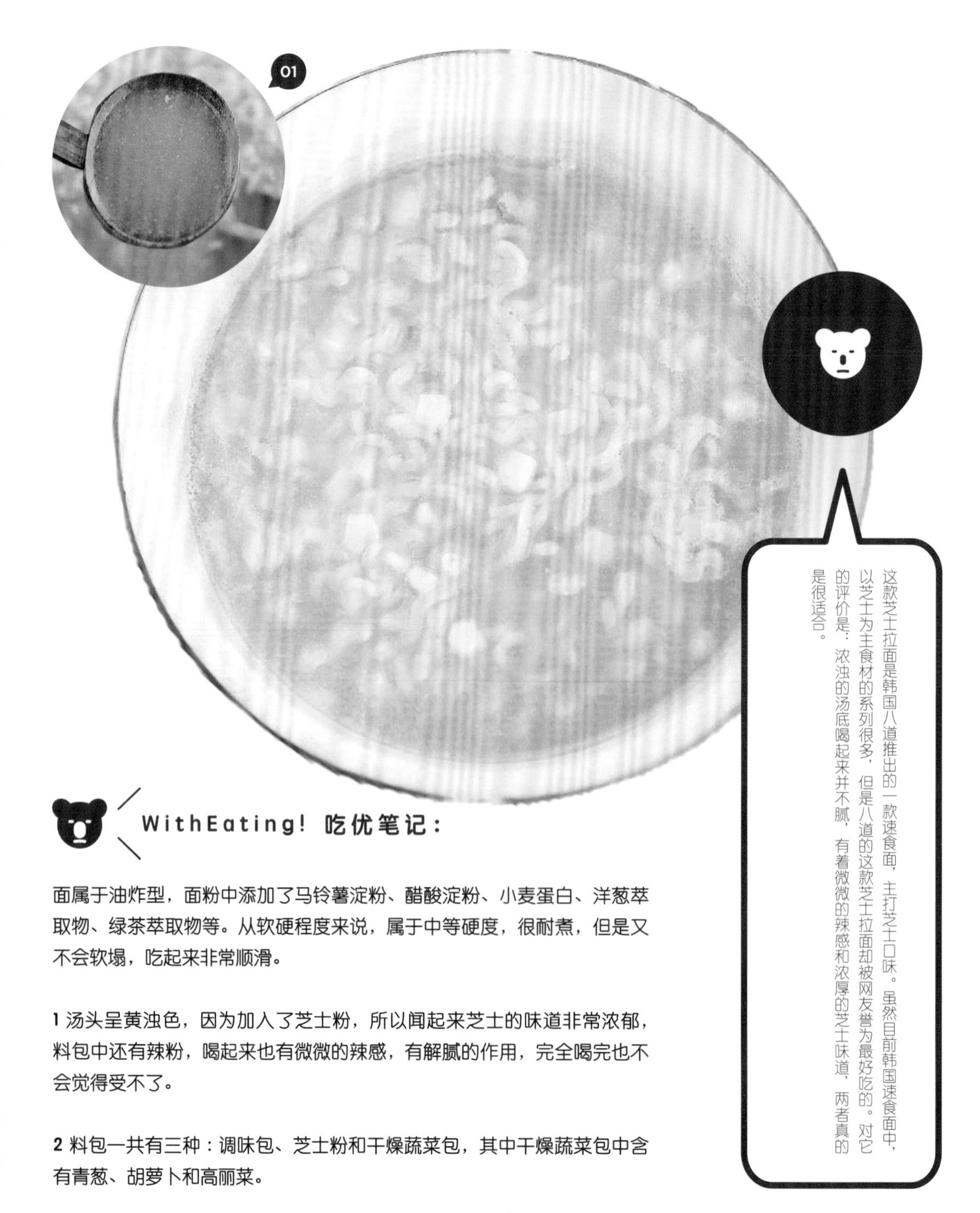

这款芝士拉面是韩国八道推出的一款速食面，主打芝士口味。虽然目前韩国速食面中，以芝士为主食材的系列很多，但是八道的这款芝士拉面却被网友誉为最好吃的。对它的评价是：浓浊的汤底喝起来并不腻，有着微微的辣感和浓厚的芝士味道，两者真的是很适合。

WithEating! 吃优笔记：

面属于油炸型，面粉中添加了马铃薯淀粉、醋酸淀粉、小麦蛋白、洋葱萃取物、绿茶萃取物等。从软硬程度来说，属于中等硬度，很耐煮，但是又不会软塌，吃起来非常顺滑。

1 汤头呈黄浊色，因为加入了芝士粉，所以闻起来芝士的味道非常浓郁，料包中还有辣粉，喝起来也有微微的辣感，有解腻的作用，完全喝完也不会觉得受不了。

2 料包一共有三种：调味包、芝士粉和干燥蔬菜包，其中干燥蔬菜包中含有青葱、胡萝卜和高丽菜。

营养成分 × 热量消耗

- Per 111g
- 爬楼梯 1小时

热量 Energy	472kcal
蛋白质 Protein	10g
脂肪 Fat	13.9g
碳水化合物 Carbohydrates	77.7g

这款拉面的包装选用了明亮的黄色作为主色，正面除了有诱人的成品图，还有将芝士拟人化的形象，第一眼就印象深刻，同时暖黄色还会让人食欲大增。背面则是常规信息介绍，没有什么特别的地方，但是因为这款拉面在中国的销量很好，所以背面大多贴有中文翻译，从配料、制作方法到营养成分，都很清楚地标示着。

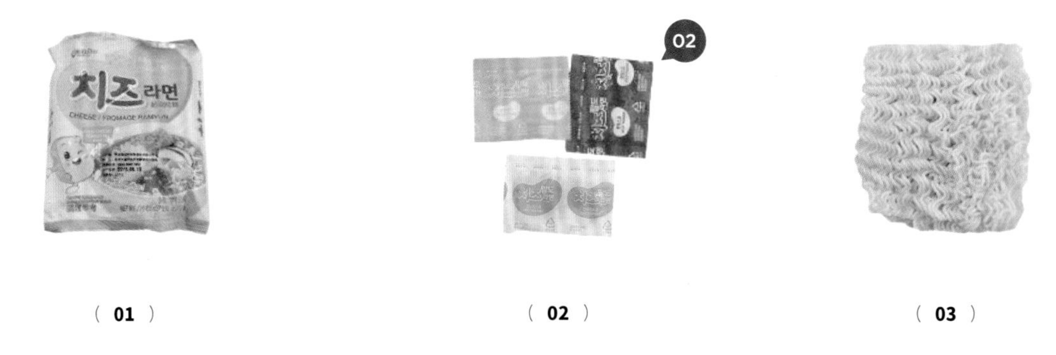

食用方法 ◇◇◇◇

❶ 将调味包、干燥蔬菜包和面饼放入 500ml 沸水中煮约 4 分钟。 ❷ 出锅前，倒入芝士粉，拌匀即可享用。

东南亚式辣酱体验

印尼捞面

营养成分 × 热量消耗

- Per 80g
- 遛狗 3小时

热量 Energy	392kcal
蛋白质 Protein	7.2g
脂肪 Fat	19.2g
碳水化合物 Carbohydrates	48g

WithEating 吃优笔记：

1 从它的面饼来说，因为是油炸的，所以并不是很健康，吃起来也很有负担。量不是很多，所以最后的热量也不算高，但如果按照一般速食面的量来算，这款捞面的热量将达到近 700 大卡，很惊人啊。

2 从它的料包来说，很丰富，五种香料包也是它们的噱头。

3 从它的汤头来说，香料的味道很重，汤汁薄而偏透明，油花很多，喝到最后不会有腻感，辣味不算太明显。

对于这款印尼捞面的评价，褒贬不一，有人觉得味道实在一般，但也有网络票选称它为"世界上最好吃的泡面"前三名。

这款面是由倍思沃（best wok）推出的一款速食捞面，主打印尼风味，目前有三种口味：原味、香辣味和海鲜味。其中原味使用五种调味香料包，粉包中含有鸡味香精、水解植物蛋白等；调味油包中依旧使用棕榈油，添加了大蒜和洋葱调味；另外还有甜酱油包、辣酱包和油炸葱包。面饼属于油炸型。

香辣味：含有四包料包，分别是：调味粉包、调味油包、甜酱油包和油炸葱包。

海鲜味：含有三包料包，分别是：调味粉包、调味酱包和油炸葱包。

食用方法 ◇◇◇◇

❶ 将面饼放人 400ml 沸水中煮约 3 分钟。❷ 另备一个浅盘，将料包放人盘中拌匀备用。❸ 面煮好后沥干水捞出，放人盘中，同酱料拌匀，添加葱干即可。

印尼被称为“千岛之国”，地处热带雨林，温度高雨水多这些天然的条件使它的物产十分丰富，所以印尼也是东南亚重要的香料出产国，饮食中不可避免地会使用大量香料调味，但印尼传统菜同东南亚菜系的差别很大，比如石栗和黑栗是最常用的香料，也是独有的。另外印尼的辣椒酱非常有名，因为辣椒的产量很大，所以辣椒酱成为印尼家家户户都会有的餐桌调料，印尼的街头小吃基本也都会用到，即使是辣椒酱，味道也分为了很多种，不同的店铺摊子都有自己独特的制辣方法。印尼的辣椒制作和中国的差别很大，会用到很多极具东南亚感的香草、柠檬、大蒜等来调味。

\/东南亚的西西里风/\

蘑菇芝士快熟面

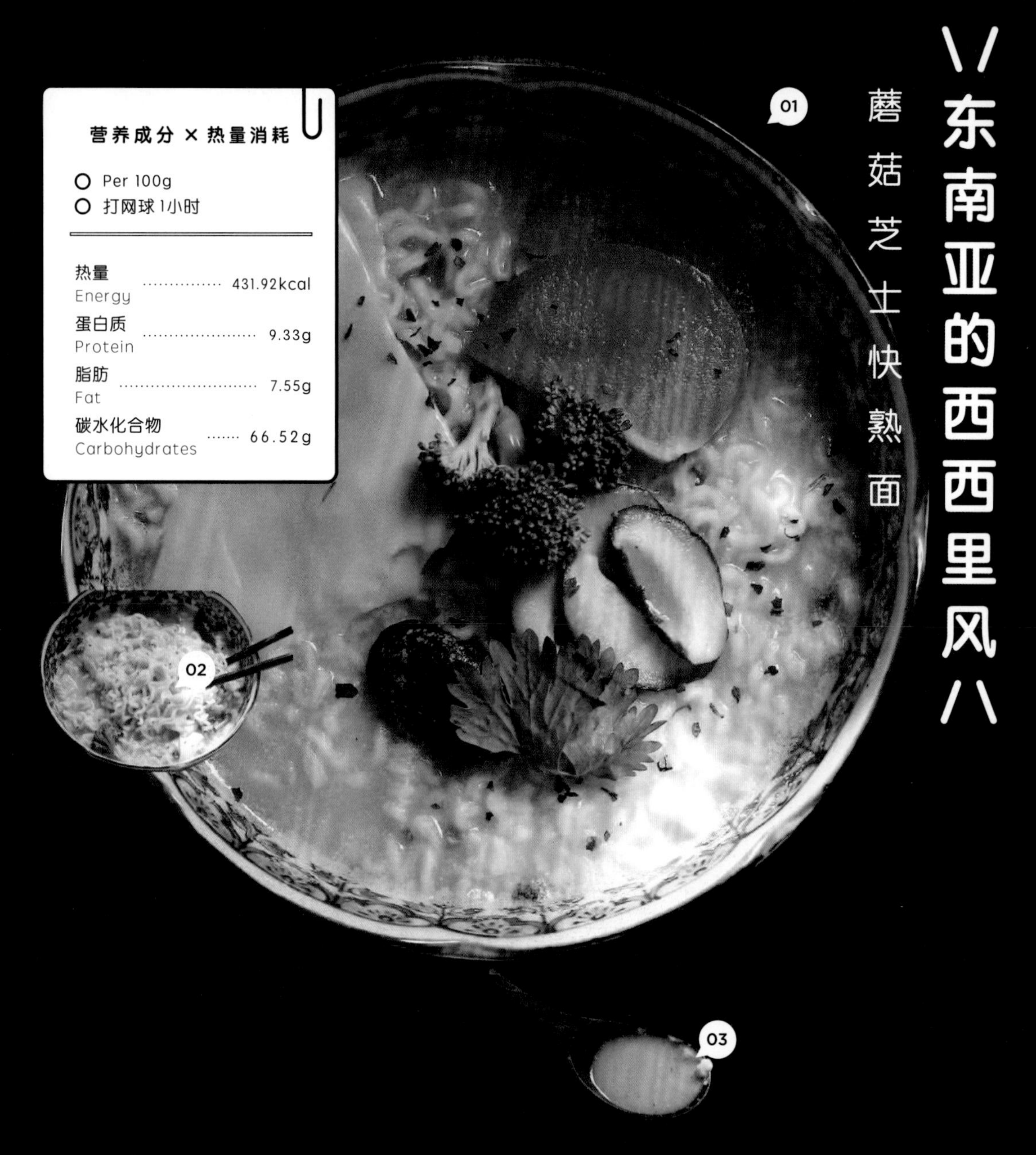

营养成分 × 热量消耗

- Per 100g
- 打网球1小时

热量 Energy	431.92kcal
蛋白质 Protein	9.33g
脂肪 Fat	7.55g
碳水化合物 Carbohydrates	66.52g

WithEating! 吃优笔记：

1 这款面的芝士味很重，很容易吃腻，对于喜欢芝士的人来说，是一款不错的面，对于不喜欢奶味的人来说，就不是那么容易接受了。

2 从它的面饼来说，面条是由人工手擀制成，所以吃起来会比较有韧性，比一般的意面要软滑很多，属于较为耐煮的面，煮完之后稍微发软但是不会塌。面条中加入了棕榈油，面香比较重。

3 从它的汤头来说，芝士味道非常浓厚，但是喝完的话可能会觉得比较腻。一共有三包料，除了汤底和调味料，还有一包干燥香菇包，有大颗香菇块，煮出来后也能闻到浓郁的香菇味。

蘑菇芝士快熟面是嘉珍推出的优质速食面中的一种，另外两种是辣芝士咖喱面和娘惹白咖喱面，这一系列曾经上榜2015年全球十大泡面。
辣芝士咖喱面和娘惹白咖喱面都是以马来风味为基础，蘑菇芝士则是主打西西里风味。
蘑菇芝士面的汤底使用切达芝士粉和黑胡椒调味，料包中自带脱水蘑菇和脱水香菜，另外值得一提的是，这款速食面不含反式脂肪（0.02g）和胆固醇，是一款蛮健康的速食面。

马来西亚嘉珍创建于1997年，是一家专门生产零食和速食面的食品公司。嘉珍的这一系列泡面是由马来西亚厨师经过多年研制，在2015年推出的地方特色面。不含反式脂肪和胆固醇，使用了大量马来香料调味。

速食面中的油炸面饼经常会用到棕榈油，主要是因为棕榈油的稳定性较好，不易导致脂肪氧化而产生异味。

食用方法

❶ 面饼放入碗中，加入粉包和油包，冲入500ml沸水，加盖静置，此时可以将料理包放到盖上，稍微加热。❷ 3分钟后，打开盖子，倒入料理包和酱包，拌匀即可。

01

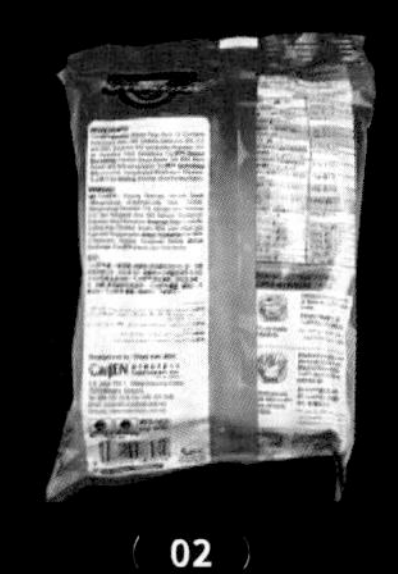

02

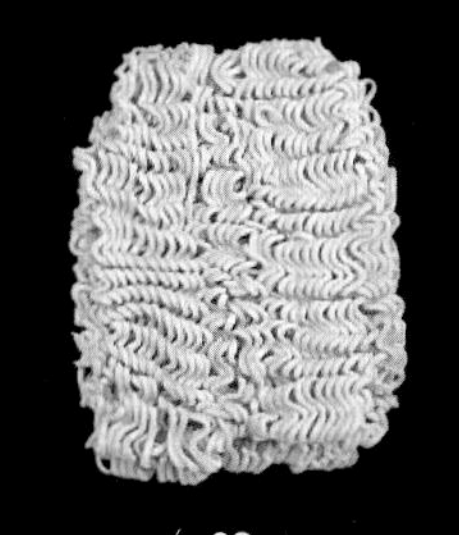

03

04

TIP 切达芝士：一款质地柔软的天然奶酪，遇热易融化，所以常常作为厨房调料使用。

世界十大名汤做的拉面

冬阴功拉面

WithEating! 吃优笔记：

这款面属于油炸型，所以非常容易碎，这是一个很大的缺点。分量很少，一个人的话可能需要两包才能够吃。面条偏软又很细，所以不能水煮，容易软塌，只需要加水冲泡几分钟即可。

1 汤汁比较薄，表面有少许油花，喝起来能够尝到东南亚的一些香料味，口感略酸。

2 这款拉面中含有两种料包，调味料中添加了辣椒粉、酸味剂、干葱和柠檬香料，辣椒酱中则添加了香料、椰糖、鱼露、辣椒、虾粉等。

冬阴功拉面是由泰国 MaMa 推出的一款速食拉面。泰国 MaMa 是泰国家喻户晓的泡面品牌，市场占有率超过 50%，口味分为冬阴功味、特级酸辣味、鸭肉味、肉碎味。其中冬阴功味是最受欢迎的一款，曾经多次上榜世界十大美味泡面。

营养成分 × 热量消耗

- Per 60g
- 轻度有氧运动 1小时

热量 Energy	274kcal
蛋白质 Protein	5.5g
脂肪 Fat	11.7g
碳水化合物 Carbohydrates	36.6g

泰国人也偏爱吃速食面，2006 年的时候还采用“妈妈面指数”，即通过这款面的销量来衡量泰国经济状况(泰国民众的收入和速食面的销量成正比)。在泰国，泡面不仅仅是平民美食，还被大厨做成料理端上高级餐厅，可谓是把速食面用到了极致。

泰国酸子：即“罗望子”，泰国罗望子使用的用途非常的广泛，常用来调味、作菜、煮汤、作饮品等。

泰国菜以咸、酸、辣为主，分为四大菜系，分别为：泰北菜、泰东北菜、泰中菜和泰南菜。其中泰南菜多用椰奶、鲜姜黄，而泰东北菜则多使用青柠汁。因为泰国位于热带地区，气候潮湿炎热，所以蔬菜和水果都很丰富，从他们的饮食中也能看出，一般的泰国菜都会比较多地使用到水果，且色彩鲜艳，味道鲜美，调味料则普遍使用鱼露、咖喱、辣椒、虾酱和椰奶。冬阴功汤，世界十大名汤之一，是泰国著名的酸辣汤，“冬阴”即是酸辣之意，“功”则为虾。一般是用南姜、酸子、香茅、青葱、酸柠檬、辣椒和鱼露调制，之后加入虾、草菇和椰奶等。

这款速食面的包装设计和普通的泰国速食面差不多，正面重要的文字信息并不多，配有成品图，背面则文字信息非常多，都是英文小字，包装纸使用了有些反光的材质，所以文字读起来非常费劲儿。

食用方法

面饼和料包放入碗中，冲入 350ml沸水，加盖静置 3-5分钟即可。

南国的平民美味

营多巴东牛肉捞面

1 从它的面饼来说，面条是偏软的油炸型，特别不耐煮，所以吃的时候泡一下即可，时间控制好，不然吸汁后特别容易膨胀。

01

02

WithEating! 吃优笔记：

2 从它的面饼来说，是中等粗细的超卷毛面，油炸的味道很重，有一种干脆面的感觉，面的分量不算多，也不是很有嚼劲。

3 从它的料包来说，一共有两大包，每个大包还分成了两个小包，感觉很丰富，吃起来很棒。面煮好后拌入料包，青柠和椰浆的味道很浓郁，但是并没有很酸，辣感比较足，但不呛口。

营多巴东牛肉捞面曾经获得 2013 年“The Ramen Rater”十大美味泡面排行榜第三名，可见它在泡面界的受欢迎程度。

营养成分 × 热量消耗

- Per 80g
- 打网球1小时

热量 Energy	367kcal
蛋白质 Protein	8.2g
脂肪 Fat	12.6g
碳水化合物 Carbohydrates	53.6g

"The Ramen Rater"：是由美国速食面达人 Hans Lienesch 建立的泡面评鉴博客，他每年会吃大量不同款的泡面，最后做出年度十大美味泡面排行榜。

印尼巴东牛肉是印尼非常经典的一道菜，2011 年，巴东牛肉曾被 CNN 评选为世界 50 大美食第一名。一般是使用牛腱子熬煮，加入印尼香料，经过繁琐过程才能做出真正好吃的味道，这款面以此款口味作为主打，足以作为印尼速食面的代表。

营多巴东牛肉捞面是由印尼最大的速食面生产商营多食品（Indofood）推出的一款速食捞面，因为这个公司推出的营多捞面系列价格低廉，很快在学生群体中推广开来，成为了很多人学生时代最为怀念的味道。

营多食品公司（Indofood）创办于 1990 年，是印尼最有名的速食面生产商。

营多捞面一般都带有两包调味料：一包酱包，内有甜豉油、辣椒酱和调味油；另一包则是粉包，里面有调味粉和干燥蔬菜碎。当然，不同口味的捞面，带有的材料会有些许差别。这款营多巴东牛肉捞面净重 80g，料包中附带风味酱汁、油包、辣椒面和调味粉，其中粉包中含有人造牛肉调味粉、蒜粉椰子味调味粉等，东南亚风味十足。

03

（01）

（02）

（03）

（04）

食用方法 ◇◇◇◇

❶ 将面放入 400ml沸水中煮约 3分钟。❷ 捞出面后放入盘中，拌入料包即可。

温暖的食材 搭配一碗用心面

奶油鸡汤面

奶油鸡汤面是由新加坡佳食面（百胜厨旗下副品牌）推出的一款速食面，获得了『The Ramen Rater』评选的 2016 年世界十大美味泡面第八名，The Ramen Rater 博客的创始人 Hans 评价这款拉面说，自己一直偏爱奶油鸡味方便面，他的第一篇『面评』就是奶油鸡味面。而这款面条厚厚宽宽的，比较像台湾面，但更柔软。肉汤比市售奶油鸡汤更厚重，添加的植物蛋白使之更鲜美，建议搭配煮鸡蛋，拌入约翰尼鸡肉调味料和辣烤鸡块食用。

WithEating! 吃优笔记：

1 从它的面条来说，属于典型的宽型卷毛面，面体偏软，非常不耐煮。

2 从料包来说，一共有两种，奶油鸡汤的味道非常浓郁，冲开后，有一种类似奶粉的味道，应该是里面添加了奶精的缘故，这种典型的东南亚式调味法，不一定适合中国人食用。

3 汤底奶味浓郁，呈白浊色，总体有一种意面的感觉，这也是东南亚菜品给大家的一贯感觉——中西合璧。喜欢奶味的可以尝试，不喜欢奶味的可能会觉得腻。

营养成分 × 热量消耗

- Per 87g
- 打网球1小时

热量 Energy	407kcal
蛋白质 Protein	8.9g
脂肪 Fat	17.7g
碳水化合物 Carbohydrates	52.9g

(01)

(02)

这款拉面主打奶油鸡汤味，面条使用粗卷毛油炸型，料包有两种，一个调味包中含有玉米淀粉、干燥胡萝卜、干燥韭葱、鸡肉香料、水解植物蛋白、洋葱粉、大蒜粉和全脂奶粉，一个奶精包中含有棕榈油、椰子油、葡萄糖糖浆干粉等。拉面的外包装使用黑色和绿色作为主色调，背面有中英文的常规信息介绍。

东南亚的饮食中普遍使用刺激性的调味料，烹制注重色、香、味俱全。这款拉面虽然是奶油鸡汤面，但是汤底中还是以椰子粉调味，搭配少许奶粉，和鸡肉浓缩物搭配，非常适合冷天来一碗。

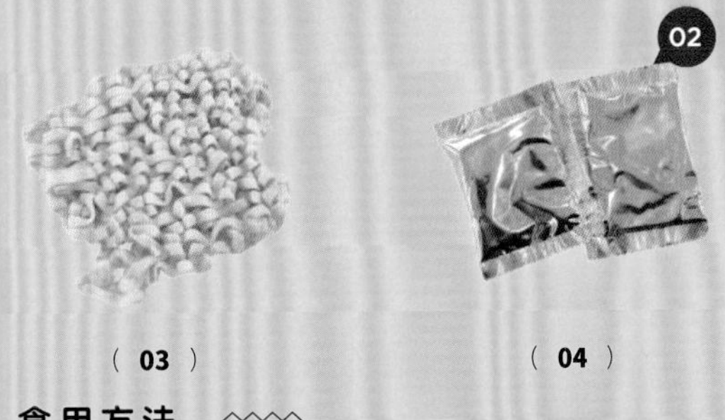

(03)　(04)

食用方法 ◇◇◇◇

❶ 将面饼放入 380ml沸水中煮约 3分钟，期间不断搅拌。❷ 将调料包和奶精包放入碗中，面煮好后，同汤一起倒入碗中，拌匀即可。

KOKA鸡汤面

简单的畅销口味，一口就能记住

来自新加坡的KOKA 鸡汤面大概可以说是东南亚最有名的速食鸡汤面了，在欧洲的市场占有率也比较高。这款面由达辉食品公司（Tat Hui Foods）推出，面世以来，一直在各种泡面榜单上出现。

WithEating! 吃优笔记：

1 从它的面饼来说，面条比较软，吃起来很爽滑，煮的时候需要控制好时间。

2 从它的料包来说，很简单，只有一包汤料，里面有干贝、芝麻、牛奶、芹菜、洋葱等。

3 从它的汤头来说，鸡汁的味道还是蛮浓郁的，不会很咸，因为不含味精和各种防腐剂，所以喝起来很放心。

营养成分 × 热量消耗

- Per 85g
- 打网球1小时

热量 Energy	391kcal
蛋白质 Protein	9.6g
脂肪 Fat	14g
碳水化合物 Carbohydrates	50g

(**01**)

(**02**)

达辉食品公司创立于1986年，以生产速食面为主，目前已推出近30款泡面，畅销于40多个国家和地区。这款泡面只有一个粉包，声称不含味精，没有任何添加剂，且盐分较少，鸡汁味道非常浓郁，是一款很健康的速食面。使用的是非油炸面饼，有人曾经做过实验，和同类几款拉面煮完后过水比较，即使都是非油炸面饼，但是Koka鸡汤面过滤出来的水几乎没有油花。

食用方法 ◇◇◇◇

❶ 面饼中加 400ml开水焖约 2分钟，沥干水后加入料包。❷ 再添加400ml开水焖约1分钟，拌匀即可。

(**03**)

(**04**)

>海味浓郁的世界第一泡面<

新加坡叻沙拉面

新加坡叻沙拉面是由百胜厨推出的一款速食拉面，曾四年蝉联世界十大美味泡面第一名。百胜厨系列是厦华食品公司推出的，该公司成立于 1992 年，在新加坡食品市场有着良好的信誉和重要的地位。

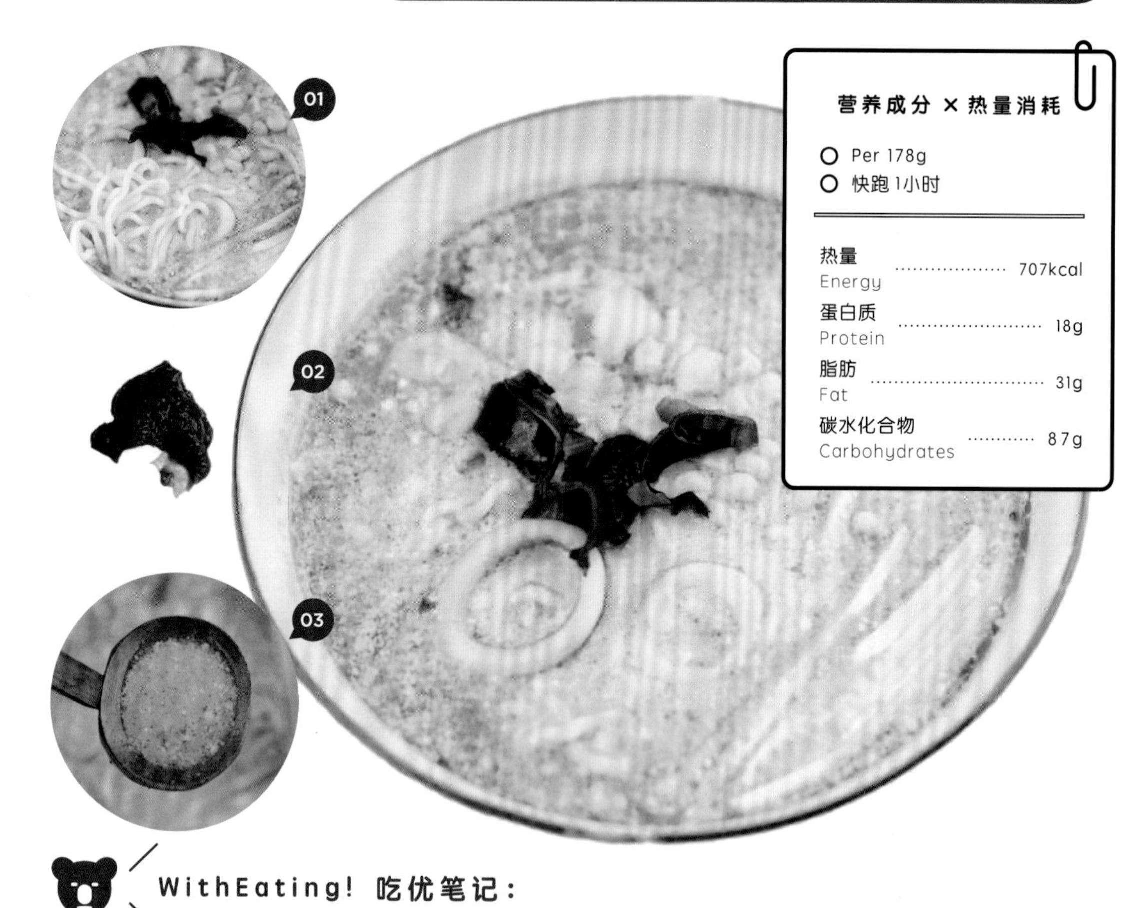

营养成分 × 热量消耗

- Per 178g
- 快跑 1小时

热量 Energy	707kcal
蛋白质 Protein	18g
脂肪 Fat	31g
碳水化合物 Carbohydrates	87g

WithEating! 吃优笔记：

1 从面饼来说，面条属于偏粗的硬面，所以一定要煮透，煮透就会软下来并且入味，但不会塌，吃起来口感很爽滑。

2 从料包来说，一共有两个，一个叻沙酱包，一个椰子粉，分量很重，有很重的东南亚风味。

3 从汤头来说，汤汁醇厚，椰香、东南亚香辛料、辣椒、海鲜的味道都很重，吃起来层次丰富，但是吃到最后会觉得奶味太重了。

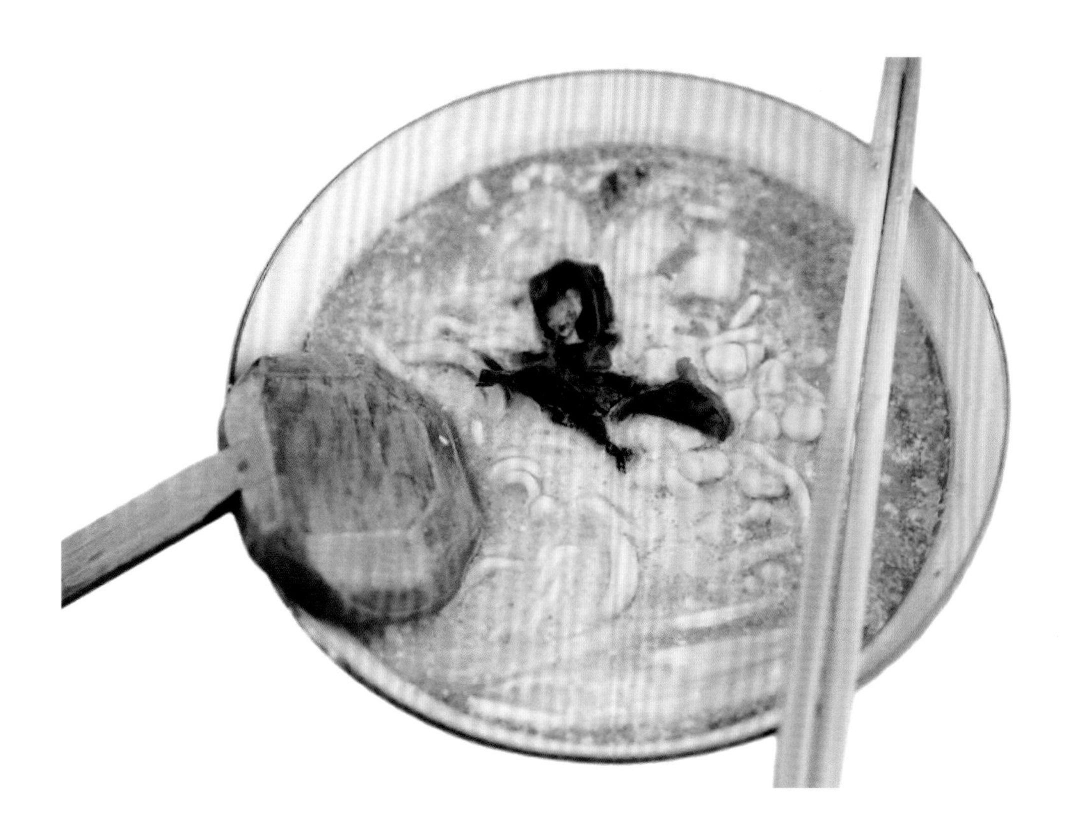

叻沙（Laksa）是一道起源于南洋的面食料理，为马来西亚和新加坡的代表性料理。叻沙在不同地区的制作方法不同，一般马来西亚和新加坡华人所指的叻沙多是咖喱叻沙或亚参叻沙（Asam Laksa），其中亚参叻沙曾被评为全球 50 大美食第七名，而咖喱叻沙则被评选为死前必尝的世界十大美食之一。咖喱叻沙特色是加入了椰浆的咖喱汤头，味道浓郁，配料多使用鸡丝、血蚶、虾子、鸡蛋等，主要分为娘惹叻沙、泰国叻沙、加东叻沙。亚参叻沙酸味较重，汤头多由淡水鱼熬制而成，配料加入姜花、南姜、香茅、红葱头、辣椒、叻沙叶、罗望子、亚参果片等，主要分为槟城叻沙、玻璃市叻沙、吉打叻沙、怡保叻沙、江沙叻沙、砂拉越叻沙、东海岸叻沙、叻参、吉兰丹叻沙、登嘉楼叻沙。

除了这款叻沙拉面，百胜厨推出的同系列的辣椒螃蟹拉面和咖喱拉面也都曾经上榜世界十大美味泡面，面饼皆属于非油炸粗面，经蒸煮风干而成，无味精添加，主打东南亚风味，汤底中添加大量香料调味。

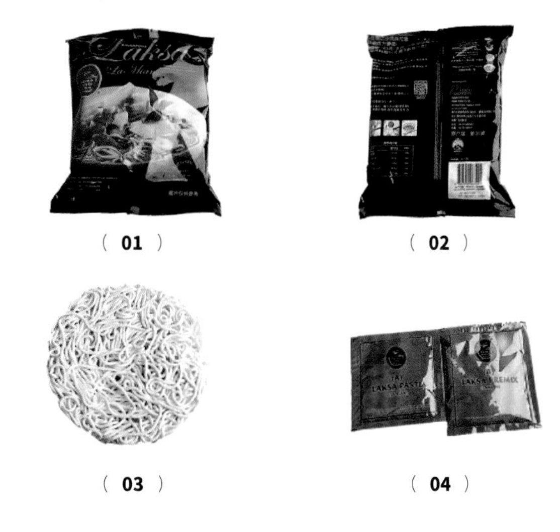

（ 01 ） （ 02 ）

（ 03 ） （ 04 ）

叻沙拉面共有两个料包，一包椰子粉，一个叻沙酱包，叻沙酱包中有干虾米、红葱头、高良姜、虾酱、香茅、白胡椒等食材，高度还原叻沙风味，和椰子粉是绝配。

食用方法 ◇◇◇◇

❶ 将叻沙酱包和椰子粉放入 500ml 水中混合煮沸。

❷ 面饼放入煮沸的汤汁中，小火继续煮约 7 分钟，期间可放入海鲜或者鸡肉搭配更佳。

> 榜单常胜的东南亚泡面 <

槟城红酸辣汤面

WithEating! 吃优笔记：

这款面整体来说味道偏酸，能够闻到水果的清香，辣味的后劲挺足。

槟城红酸辣汤面是由马来西亚 MyKuali 推出的，MyKuali 主要生产以东南亚香料为主打的速食面，有多款面都曾获得过世界级的大奖。其中槟城红酸辣汤面在 2015 年的世界十大美味泡面排名中位居榜首，并且在这前十名当中，槟城系列占了三种，另外两款分别是：第二名槟城白咖喱面和第七名槟城福建虾面，而白咖喱面曾在 2013 年和 2014 年分别获得第七名和第一名的好成绩。

1 从它的面饼来说，并没有什么特色，面条偏软，煮的话容易塌掉。

2 从它的汤头来说，汤汁偏酸，刚喝的时候尝不到辣味，吃到最后，辣感就上来了，后劲蛮大的。

3 共有两个料包，一个酱包，一个粉包，都是典型的东南亚风味浓缩包，里面加入了很多东南亚香料。

营养成分 × 热量消耗

- Per 105g
- 跳绳 1小时

热量 Energy	432kcal
蛋白质 Protein	10.6g
脂肪 Fat	16.6g
碳水化合物 Carbohydrates	60.2g

（ 01 ）

（ 02 ）

对于很多人来说，MyKuali 时间生产的速食面最重要的就是它的特色酱料，最初制作时，是经过 700 次试吃再加上 5 年研究才制作出来的，里面含有 30 多种香料。并且，MyKuali 汤面是以其负责人的母亲多年制面配方为基础，进行再次改良而成。“The Ramen Rater” 的博主评价这款面时说：“MyKuali 的面条质感仍然保持水准，面条的嚼劲和素质恰到好处，尤其是红酸辣汤面的肉汤拥有强大辣劲，调味包的香茅及鲜虾更让汤汁显得鲜甜”。

槟城位于马来西亚西北部，这里旅游业发达，环境优美，被誉为“最佳被访岛屿”之一。槟城属于热带雨林气候，终年高温多雨，盛产豆蔻、辣椒、葱头、番红花、肉桂等，其中绝大部分为天然香料。这里的饮食多用热带香料调味，由此形成了独特的槟城风味，比较有名的槟城小吃有：叻沙福建面（槟城虾面）、四果糖、娘惹糕、福建炒（配峇拉煎辣椒）等。

这款面是冬阴功风味，汤底中添加了很多东南亚香料，其中最重要的就是香茅和南姜。

南姜：又称“芦苇姜”，南姜粉为“五香粉”原料之一。原产自中国南方，如今在东南亚广泛种植，味道辣中带甜，类似肉桂，但是具有辛呛感。

03

（ 03 ）

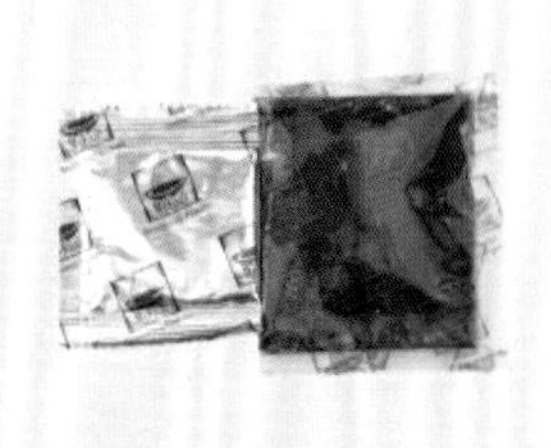

（ 04 ）

食用方法

❶ 面饼放入 500ml沸水中煮约 3-5分钟，倒入料包拌匀即可。
❷ 期间可加入蔬菜、鸡蛋、虾仁等。

一碗简单的“妈妈牌”汤面

胡椒汤面

营养成分 × 热量消耗

- Per 80g
- 中度有氧运动 1小时

热量 Energy	388kcal
蛋白质 Protein	8.64g
脂肪 Fat	8.24g
碳水化合物 Carbohydrates	49g

WithEating! 吃优笔记：

这款面总体来说比较朴素，没有什么油水，搭配的食材也都是蔬菜，加上面本身主打“健康”，所以作为速食面，吃起来并没有太多的负担。

1 从它的面饼来说，应该是属于油炸面饼，不是很耐煮，但是吃起来很爽滑很香，我觉得可以参考出前一丁的冷水煮面的做法。

2 从它的汤头来说，胡椒粉的味道很重，整体味道比较单一，属于清汤寡水面吧，稍有一点辣油在表面。从它的料包来说，一共有两包料，一包粉包，一包油包，很简单。

妈咪胡椒汤面是马来西亚公司“MAMEE-Double Decker”推出的一款速食素面。MAMEE-Double Decker 成立于 1971 年，主要生产食品和饮料，由它推出的妈咪厨师面曾经入选知名拉面博客“The Ramen Rater”评选的世界十大泡面。

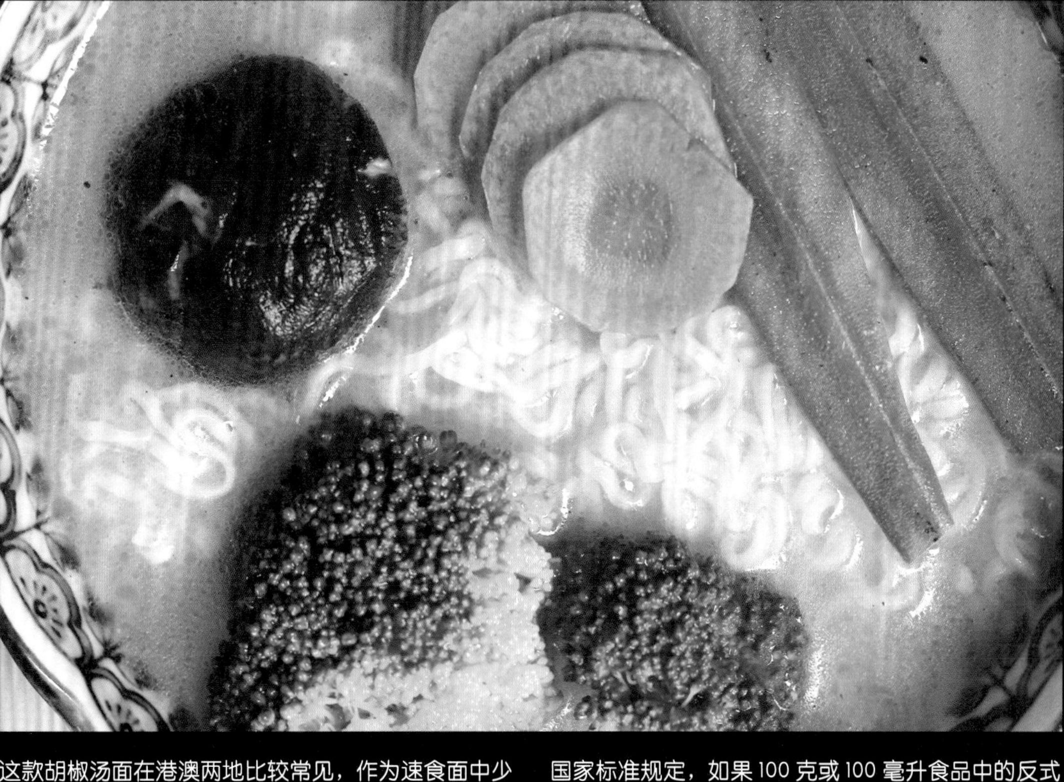

这款胡椒汤面在港澳两地比较常见，作为速食面中少有的素面，在面条中添加胡椒粉，呈现出了最简单的“妈妈味道”，同时这包面维生素含量丰富（维他命 C、E、B3、B6、B2、B1、A、B12），没有反式脂肪和胆固醇，所以和其他速食面相比，健康了很多，吃起来很放心。

反式脂肪：曾被称为“餐桌上的定时炸弹”，常存在牛肉、羊肉、脂肪、乳、乳制品和一些加工食品如薯条、奶茶、爆米花、蛋糕、饼干等中（家常食物烹制过程中油温过高且时间过长也会产生少量反式脂肪）。过多食用会造成血液胆固醇增高，引发心血管疾病。

国家标准规定，如果 100 克或 100 毫升食品中的反式脂肪酸含量低于 0.3 克就可以标示为“0”，所以标“0”并不代表不含有反式脂肪。（同适用于胡椒汤面的数据）

胆固醇：胆固醇过高，会导致血管堵塞，引发脑血栓和心肌梗塞等疾病。

其中油包使用粟米油，粟米油又称“玉米胚芽油”，是从玉米的胚芽中提炼出的植物油，富含不饱和脂肪酸，维生素 E 等，不含胆固醇，但是反式脂肪含量较高。

（ 01 ）

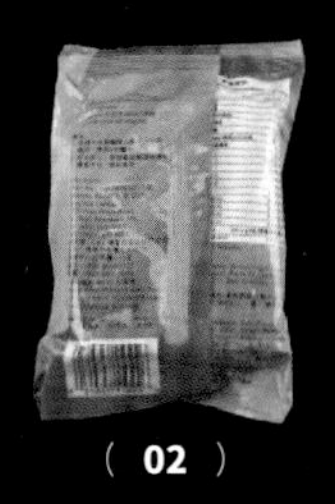

（ 02 ）

食用方法

❶ 将 500ml 水煮沸，放入面饼，煮约 2分钟。❷ 依次加入油

“速递一份”，香港人的童年回忆

出前一丁

营养成分 × 热量消耗

- Per 100g
- 打拳 1小时

热量 Energy	433kcal
蛋白质 Protein	9g
脂肪 Fat	16.9g
碳水化合物 Carbohydrates	61.2g

WithEating! 吃优笔记：

1 这款出前一丁是海鲜口味，想要更好地利用汤底的话，建议搭配鱿鱼圈、蟹棒和小米椒等。整体吃起来并没有那么惊艳，面的味道真的很八九十年代，面饼比较容易煮烂，所以煮的时间一定要控制好。

2 料包并不是很丰富，量也不是很多，里面一个调味汤粉包，一个辣油包，辣油包需要在吃之前加入。

3 从汤头来说，海鲜味能够尝到，但不会太浓，喝起来还是蛮清爽的，不至于太腥，辣椒油的辣感还是有的，但不会太辣，可以接受。

出前一丁是日本日清的即食面品牌，翻译过来是“速递一份”的意思。这个品牌于1968年在日本推出，第二年便进入了香港市场，并且迅速获得了当地人的喜欢，一直到现在都是香港人气速食面，之后陆续推出了更多的口味和形式。“出前一丁”已然成为香港即食面的代名词，小小一包面，贯穿了几代人的生活。

出前一丁的品牌形象叫“清仔”，1966 年被命名为商标人物。清仔一家还有传统日本男人性格的清爸，掌握特制麻油面的家传秘方；疼爱子女的清妈；善于打理面店生意的清嫲；深受清爸疼爱的清妹，文静内向。有关他们一家的卡通片于 93 年面世。

除了速食面，出前一丁还在香港特别推出速食粉类，包装设计和速食面很像，量也比较少，使用的是细粉丝，沸水即可泡开食用，很方便。

因为出前一丁太经典了，所以在吃惯了基本款之后，就会出现很多“加料款”，有人甚至研究了 40 多种出前一丁的搭配吃法。

出前一丁目前在市面上比较常见的口味有：

经典味道

- 红烧牛肉味
- 沙嗲味
- 五香牛肉味
- 海鲜味
- 鸡蓉味
- 麻油味

[麻油味]

[海鲜味]

[五香牛肉味]

全辛滋味系列

- 微辛咖喱味
- 极辛猪骨浓汤味
- 火辣海鲜味
- 辛辣 xo 酱海鲜味
- 香辣麻油味

[香辣麻油味]

[辛辣 xo 酱海鲜味]

[火辣海鲜味]

猪骨汤面系列

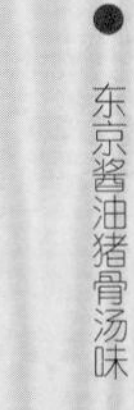

- 九州浓汤猪骨汤味
- 黑蒜油猪骨汤味
- 东京酱油猪骨汤味

[东京酱油猪骨汤味]

[黑蒜油猪骨汤味]

[九州浓汤猪骨汤味]

沸水煮法

❶ 将料包放入碗中备用。❷ 面饼放入 500ml 沸水中煮 3 分钟，离火后，热汤倒入碗中，融化汤料，拌匀，加入面条，最后拌入辣油即可。

冷水煮面

❶ 冷水下面，筷子不断捞起面，使空气充分进入面条。❷ 水煮至沸腾，面散开后立马关火，汤配半碗，加入辣油包拌匀即可。

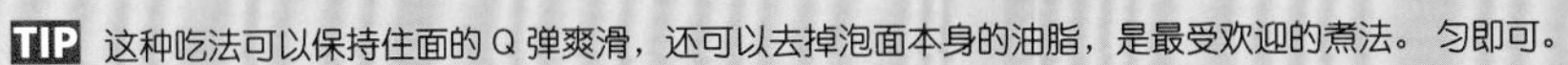

TIP 这种吃法可以保持住面的 Q 弹爽滑，还可以去掉泡面本身的油脂，是最受欢迎的煮法。

酸辣爽口，一包满足

四川酸辣粉

WithEating! 吃优笔记：

1 四川酸辣粉的粉条一般使用木薯淀粉和甘薯淀粉手工制成，属于非油炸的粗粮食品。粉条吃起来比较爽滑，但是偏硬，本身有很棒的吸附性，能够紧紧吸收汤汁。

2 一般的速食酸辣粉会有三种料包，汤粉包、醋包和菜包。醋包味道正宗，吃的第一口就会觉得不错。汤粉包里一般会有油酥黄豆，菜包就是一些脱水蔬菜。

3 因为粉条遇水膨胀得比较厉害，所以虽然看着是很小的一块面饼，但其实分量很足。

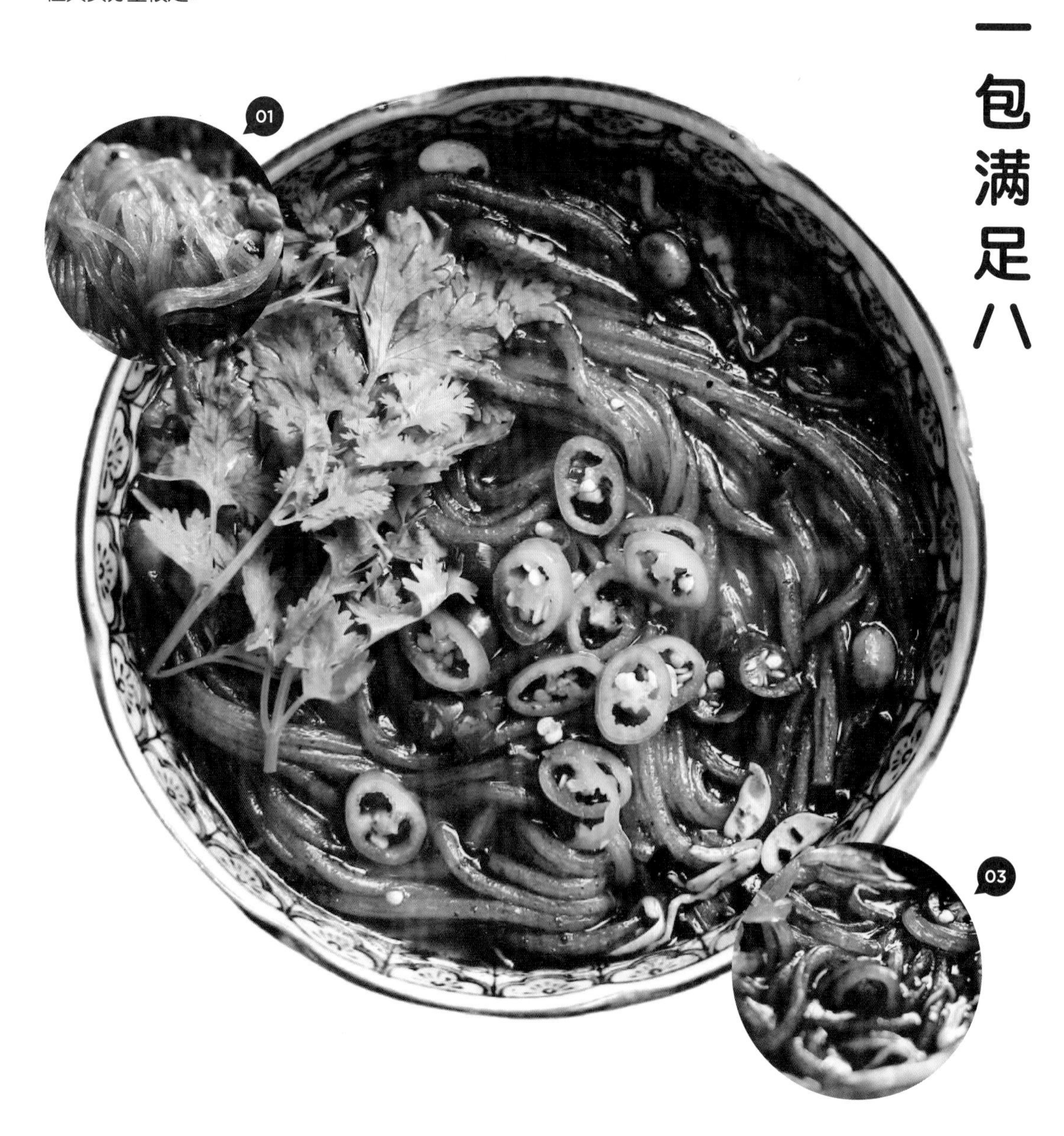

酸辣粉起源于四川，流行于川、渝、黔等地，汤汁油而不腻，粉条爽滑有弹性。酸辣粉的粉条分为“水粉”和“干粉”两大类。水粉是用红薯淀粉等调味，由农家手工漏制而成，属于天然绿色食品。干粉则是加工成粉条状的干粉条，由于干粉相对简易方便，所以我们吃到的半成品一般都是干粉。

川菜是中国四大菜系之一，以麻、辣、鲜、香为特色，以一菜一味、百菜百味而闻名。川菜以成都和重庆两地的菜肴为代表，调味品有三椒：花椒、胡椒和辣椒，三香：葱、姜、蒜。味型有“七滋八味”之说，“七滋”是指酸、甜、麻、辣、苦、香、咸；“八味”是指鱼香、酸辣、椒麻、怪味、麻辣、红油、姜汁、家常。

食用方法 ◇◇◇◇

将粉条和调料包撕开后放入碗中，冲 500ml沸水，加盖放置 5分钟，拌匀后，即可食用。

每个台湾人记忆中的古早味

葱油开洋拌面

WithEating! 吃优笔记：

1 这款面的面条使用高筋面粉制作而成，高筋面粉是指蛋白质含量平均为 13.5% 左右的面粉，粉体颜色较深，光滑不宜成团，筋度高，用它做成的面条筋道有嚼劲，煮出来很有家常感。

2 料包一共有三个，葱油酱包中使用芥花油、三星葱、虾米和糖，酱油包中主要使用黑豆，所以吃的时候能够闻到比较熟悉的豆酱味。葱包中含有青葱和香菇粉用于提鲜。最后可以加一点蒜末，会更好地激发出面的风味。

葱油拌面是上海经典小食，一般是以一碗简单的面做底，使用开洋、葱油、调料等熬制酱汁拌入面中。

开洋：江浙吴语方言，指的是腌制晒干后的虾仁，咸鲜口，一般用来提鲜。其他地方也称之为海米、金钩等。

营养成分 × 热量消耗

- Per 134.8g
- 游泳1小时

热量 Energy	520kcal
蛋白质 Protein	14.8g
脂肪 Fat	15.5g
碳水化合物 Carbohydrates	80.2g

老妈拌面的创始人陈荣昌先生，曾有多年经营麻辣锅店的经验，他始终坚持川菜口感及食材的讲究，因为偶然将店里的辣酱拌入关庙面而发现了这个搭配，之后成了店里的热门菜品，常常供不应求。外带容易影响口感，于是他开发了这款即使在家里也能100%感受正宗味道的速食老妈拌面。

老妈拌面系列曾经多次获得台湾当地的大奖，在2014年获得过由“The Ramen Rater”评选的台湾十大美味速食面第一名。除了这款主打葱香的拌面，老妈拌面还有四川麻辣味、素椒麻酱味、酸辣味、胡椒味等。

食用方法 ◇◇◇◇

❶ 面饼放入沸水中煮约 5 分钟，期间不断搅拌。

❷ 面条煮好后沥干水盛出，加入葱油、酱油和干葱包，最后建议加少许蒜末即可。

拌面在不同地区用料和做法相差很大，但是简单总结就是在沥干的面条中拌入酱料。拌面的历史可以追溯到宋朝，在《东京梦华录》、《梦粱录》、《武林旧事》等书中有提到这种混合酱汁、肉糜等做成的拌肉面。

台湾的拌面口味自成一派，比较常见的形式有肉燥面、葱油拌面、凉拌面、干拌面等。因为拌面在台湾的历史比较长，所以主打古早拌面的面食品牌也不少，比如老妈拌面、曾拌面、阿舍拌面等。

葱油开洋拌面是由台湾著名拌面品牌老妈拌面推出的一款速食面。基于台湾南部关庙乡的古法手工面条——关庙面，以日光自然晒干，无任何添加剂，同时加入秘制酱汁，形成了独具风味的台式拌面。

关庙面：原名“柳仔面”，俗称“大面”，与凤梨、竹笋并称为“关庙三宝”。关庙面的特点是以台南充足自然日光晒干，口感爽滑，价格便宜。晒面场景甚至发展成了当地的旅游特色。

（ 01 ）

（ 02 ）

（ 03 ）

02

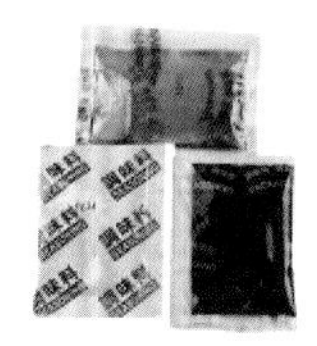

（ 04 ）

>三分钟的美味呈现<

公 仔 面

WithEating! 吃优笔记：

1 这次选的是芝士味的公仔面，芝士味道很浓，面条较软但是很顺滑，不是特别耐煮，所以做的时候时间要把握好，也可以试试出前一丁的“冷水煮面法”。

2 料包中有芝士粉、全脂奶粉、牛奶蛋白之类的，所以汤底的芝士味道浓郁，汤料粉包中有洋葱粉、大蒜粉和一些香料，味道稍微弱一些，要想好吃，还是需要自己搭配一些食材，单吃这款面其实还好，毕竟现在同类面的种类太多了。

营养成分 × 热量消耗

- Per 95g
- 跳绳 1小时

热量 Energy	[illegible]39kcal
蛋白质 Protein	10.7g
脂肪 Fat	19.3g
碳水化合物 Carbohydrates	55.7g

到香港得吃餐蛋面，正宗餐蛋面一定得用公仔面来做。公仔面是由香港永南食品公司在 1960 年推出的一款速食面，以“三分钟就可以煮熟”作为营销噱头，将一个可爱“公仔”作为品牌形象，所以取名“公仔面”，一直到现在，很多香港人都称即食面为公仔面，这款面在港人心中的地位可见一斑。

公仔面当时主要的竞争对手是日本日清食品公司推出的出前一丁，之后出前一丁慢慢取代了公仔面的“一哥”地位，直到 1989年，日清将永南食品公司收入旗下，公仔和出前一丁终成一家。

目前由公仔推出的即食面大概有：公仔面、公仔碗面、炒面王、伊面王、点心面和公仔米粉。其中仅公仔面就有13款不同口味，分别为：原味冬菜、麻油味、鸡蓉味、香辣猪骨浓汤味、茶餐厅雪菜味、五香肉丁味、芝士味、虾肉云吞味、100%上素味、劲辣牛肉味、牛肉味、龙虾味（2016年推出的至尊系列）、鲍鱼鸡味（2016年推出的至尊系列）。

和出前一丁一样，作为港式怀旧面，公仔面已经演变出了各种加料吃法，但最为经典的应该就是“肠仔蛋公仔面”，这种火腿、鸡蛋和公仔面的简单搭配，几乎在所有的港式茶餐厅里都会看到。

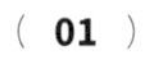

（ 01 ）

（ 02 ）

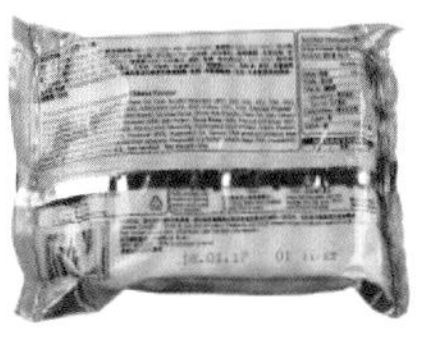

（ 03 ）

（ 04 ）

肠仔蛋公仔面做法 ◇◇◇◇

❶ 面饼放入 500ml 沸水中煮约 3 分钟。❷ 熄火后，放入料包拌匀。❸ 将两片午餐肉煎至两面上色，同煎蛋依次码在煮好的面上即可。

维力炸酱面

WithEating! 吃优笔记：

1 从它的面饼来说，虽然声称是非油炸面饼，但还是可以煮出比较多的油分，面条很爽滑。

01

营养成分 × 热量消耗

○ Per 90g
○ 跳绳 1小时

热量 Energy	429kcal
蛋白质 Protein	9.18g
脂肪 Fat	10.62g
碳水化合物 Carbohydrates	48.96g

02

2 从它的汤包来说，里面含有柴鱼粉，很鲜。

3 从它的酱包来说，一共就一包炸酱包，里面有辣豆瓣酱、麻油、猪肉、香辛料等，很好吃，怪不得这么多人喜欢这个炸酱。

食用方法 ◇◇◇◇

❶ 面饼中倒入适量开水，加盖焖约 3 分钟。❷ 料包倒入碗中，将面汤冲人其中，拌匀成鲜汤。❸ 将炸酱拌人沥干水的面中，即成炸酱面。

维力炸酱面系列是维力公司最为知名的牌子，也是台湾家喻户晓的老牌速食面品牌，可以说是台湾老牌泡面的代表。它的原料采用熟成豆瓣酱，在稳定的温度控制下，豆瓣酱的发酵和温度为其制造出了最终的好味，其中佐以精肉、豆干等材料。因为维力炸酱面的酱汁太美味，所以之后还专门推出了维力炸酱。

这款炸酱面不添加味精，不含防腐剂、人造色素、反式脂肪，盐分较少，遵循古法制作，主打北方故乡风味，属于健康的速食面。

维力炸酱面分为 6 个系列，包含：炸酱碗面／袋装、素食炸酱面碗面／袋装、炸酱面 xl 版、麻酱面。

豆瓣酱是一种低脂肪，富含蛋白质的天然食品，在发酵时间和温度高低不同的情况下熟成的程度也不一样。

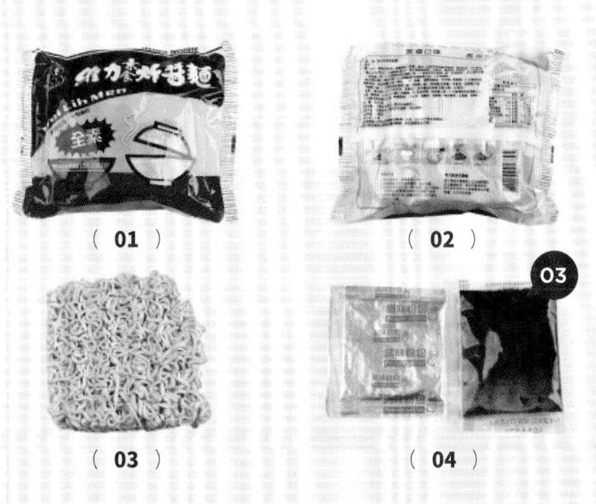

(01) (02)

(03) (04)

维力炸酱面是台湾维力食品公司，在 1973 年推出的一款速食炸酱面。维力食品公司成立于 1970 年，总部位于台湾彰化县田中村，主要生产速食面，目前已经推出的速食面有：维力炸酱面、一度赞系列、大干面系列、手打面系列、大炒一番系列、中华特餐系列、素飘香系列、真爽系列、维力汤面系列、维力妈妈面系列。

＞回首故乡远，只盼牛肉面＜

兰州牛肉面

01

WithEating! 吃优笔记：

兰州牛肉面一直是我最喜欢的中式拉面之一，面条非常筋道圆润，吸入的时候很爽滑，因为是碱水面，所以吃起来的口感跟普通的家常面口感不一样，碱水面的面条更硬一些。

1 汤汁偏薄，虽然表面的辣油比较重，但是把汤汁全部喝完也不会觉得腻，汤汁的牛肉香非常重，喝起来很过瘾。

2 配菜一般都会用到牛肉、蒜苗、香菜、辣椒这些，有些店里做得比较正宗，会按照老传统配菜，但是更多的拉面店比较随意，会按照顾客喜好来添加配菜。网上的一些速食兰州牛肉面，配料一般都会很全，自己在家就能迅速做好一碗拉面，但是因为都是私人生产，所以保质期一般都比较短。

兰州牛肉面又叫“牛大碗”或者“牛大”，是中国十大面条之一，也是甘肃兰州地方性风味小吃。

一碗正宗的兰州牛肉面讲究“汤镜者清，肉烂者香，面细者精”。其中汤汁需用牛肉熬炖，加入传统佐料，成品清澈见底，闻之有牛肉鲜香。面则使用蓬灰面、过滤水等制成，其中蓬灰面含有大量碱分，因此面条筋道耐嚼，其中和面的过程十分讲究，从点面到完成制作，全过程大约仅需两分钟。牛肉面根据形状可以分为圆形、扁形和棱形，其中圆形按照面体的直径大小一般分为“毛细”、“细”、“三细”、“二细”、“一细”、“二柱子”等；扁形面按照由窄及宽，主要分为“韭叶”、“薄宽”、“宽”、“大宽”、“皮带宽”等；棱形面则是指面条的横截面呈三角形、四边形等形状，常见的棱形面有“荞麦棱子”、“四棱子”等。

蓬灰：戈壁滩所产的蓬草烧制出来的碱性物质，俗称蓬灰。一般和面时使用，作用等同于碱。

牛肉面讲究一清、二白、三红、四绿、五黄，即汤清、萝卜片白、辣椒油红、香菜和蒜苗绿、面条黄亮。

食用方法

❶ 面条放入沸水中煮约 5分钟，沥干水备用。❷ 将料包中附带的原汁倒入碗中，冲入 300ml沸水，拌匀后，将沥干水的面条拌入其中，再倒入其他配料即可。

港式老牌生面

生面皇

营养成分 × 热量消耗

- Per 70g
- 慢走1小时

热量 Energy	233kcal
蛋白质 Protein	3g
脂肪 Fat	3.6g
碳水化合物 Carbohydrates	37.3g

WithEating! 吃优笔记：

1 从它的面饼来说，面条很细但是很有嚼劲，颜色偏黄，属于碱水面，跟平时吃的速食面有很大的差别。

2 从它的料包来说，一共有两包料，一包调味汤包，里面还有海鲜粉；一包调味酱包，里面含有芝麻酱。

3 从它的汤头来说，汤汁薄而鲜美，喝起来还不错。

生面皇是香港新顺福推出的一款速食面，新顺福食品有限公司于1960年由郑耀鹏先生在香港创立，目前已是香港主要食物供应商之一，商品面向全球100多个国家。新顺福主要生产以『寿桃』牌为主的各种面食和中式调味料，寿桃牌速食面以『非油炸』的『健康最重要』为总宗旨，目前有近150款面食商品，其中速食面包括：汤河系列、捞面皇系列、非油炸汤面系列、QQ粉系列、伊面系列等。而这款『生面皇瑶柱海鲜味』也是寿桃牌下的一个子系列，仅『生面』系列就有21款。

食用方法

❶ 面饼放入 600ml 沸水中煮约 1 分钟。
❷ 关火后放入料包，拌匀即可。

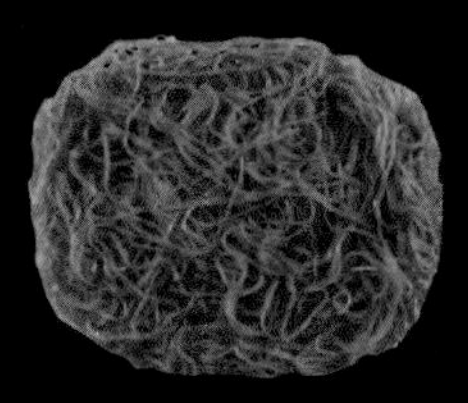

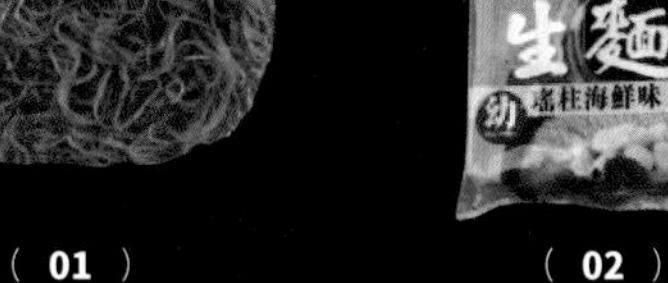

（01）（02）

寿桃牌生面皇袋装口味共有五种，分别为：鲍鱼鸡汤味、瑶柱海鲜味、鲜虾云吞味、原汁牛腩味、龙虾汤味。

港式生面：生面也叫“云吞面”，面条爽脆弹牙，韧性十足，常与云吞、骨汤搭配做成“云吞捞面”，是港式茶餐厅里常见的美味。

瑶柱：即扇贝的干制品，是由扇贝的闭壳肌风干制成。

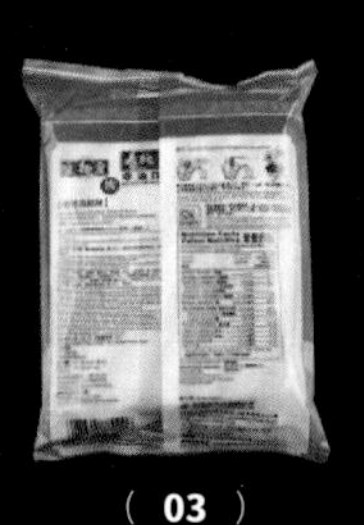

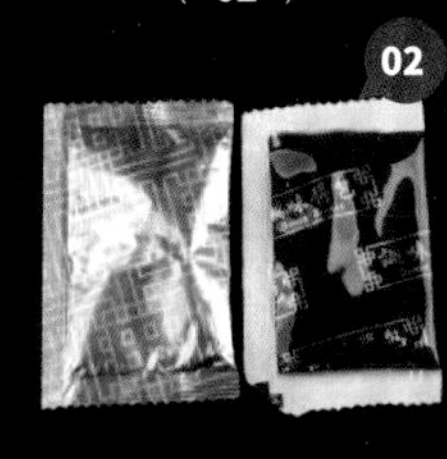

（03）（04）

香港是亚洲的经济、旅游、购物中心，因为复杂多样的社会背景，形成了中西方结合的饮食文化，这里向来就有“美食天堂”的称号，一方面你能看到快捷方便的西式美食，一方面又能看到传统讲究的中式食物。其中“面”是香港饮食中非常重要的一部分，香港传统面食包括云吞面、车仔面、茶蛋面、竹升面、碱水面、虾籽捞面等，而根据各种传统面食改良推出的速食面种类也特别多

螺蛳粉

\/拥有特殊气味的粉，也能牢牢抓住你的心/\

螺蛳粉是广西柳州的特色小吃，由柳州本地产米粉搭配酸笋、木耳、花生、油炸腐竹、青菜等配料，及适度的酸辣味和螺蛳汤汁调制而成，味道酸、辣、鲜、香，同时带有一点酸笋的特殊气味。

WithEating! 吃优笔记：

速食螺蛳粉在煮的时候粉一定要过一次水，把粉本身的淀粉去一下，这样第二遍的汤汁才会比较清澈好喝。

这类螺蛳粉的粉体基本都是一样的，偏硬，闻一下也没什么味道。

1 闻一下汤汁，螺蛳粉的味道很浓，喝到最后还能看到明显的汤底沉淀。

2 料包非常丰富，螺蛳粉有的材料基本都有，像这类螺蛳粉因为简单易做、还原度高，所以非常受网友欢迎，品牌也层出不穷，但是口味基本上差不多。

正宗的螺蛳粉汤头中并不含有螺蛳肉，仅是螺蛳熬成的汤头，稍尝一口，能够尝到特殊的鲜腥味，但是细细品味，又有一种香辣感。柳州正宗螺蛳粉是以本地产的青螺为原料，加入猪棒骨、茴香、陈皮、桂皮、丁香、辣椒等调味熬煮，等螺肉的鲜味融到汤中时，就把它捞出，留汁即可，之后加入柳州产的爽滑干切粉。

螺蛳粉中有酸笋的味道，酸笋属于一种发酵食物，是广西的特产之一。关于螺蛳粉的起源有多种说法，其中比较好玩的，是说1980年代初期的深夜，几个赶夜路的外地人来到柳州一家快要打烊的米粉摊子，当时作汤底的骨汤已经没了，仅剩一锅螺蛳汤，但是为了让行人能够果腹，老板将米粉放在螺蛳汤中煮熟，并加入青菜和花生米等配菜，外地人吃了大呼好吃，于是由此传了下来。

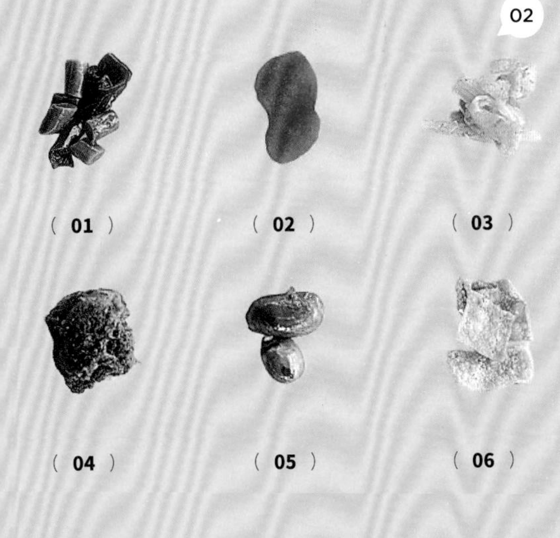

食用方法

❶ 螺蛳粉放入沸水中煮约 2分钟，二次换水，煮至沸腾后，继续煮约 5分钟，期间不断搅拌，防止黏连。❷ 粉快煮好时倒入汤料包、酱料包、油包等，拌匀后，码上各种食材即可。

一碗台式怀旧面，是乡愁浓浓

红烧牛肉面

营养成分 × 热量消耗

- Per 200g
- 快走1小时

热量 Energy	557.6kcal
蛋白质 Protein	20.8g
脂肪 Fat	24g
碳水化合物 Carbohydrates	64.6g
钠 Na	2360mg

WithEating! 吃优笔记：

1 这款面很容易煮碎，这是它唯一的缺点，面吃起来爽滑且香。

2 汤头的味道非常浓郁，虽然看着颜色很深，但是喝起来完全不会腻。

3 料包非常丰富，包中真的有大块的鸡肉，但是鸡肉吃起来略微发柴，里面的香蒜金椒酱很提味，是整款拉面的灵魂所在。

TQF : Taiwan Quality Food Association 的缩写，即台湾优良食品发展协会，致力于提升台湾饮食的品质及水准的人士及产业团队，推广 GMP 制度及其相关。

01

02

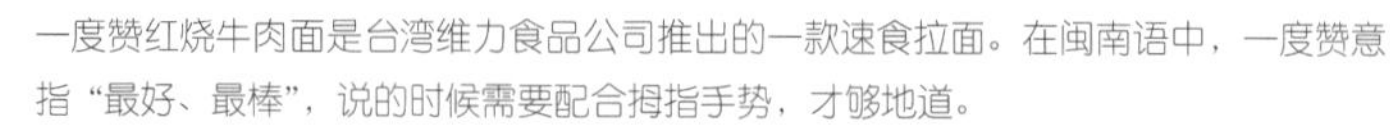

一度赞红烧牛肉面是台湾维力食品公司推出的一款速食拉面。在闽南语中，一度赞意指“最好、最棒”，说的时候需要配合拇指手势，才够地道。

一度赞系列目前有 4 种口味，分别为：红烧牛肉面、沙茶牛肉面、焢肉面和老翁牛肉面。目前一度赞系列都加入了 TQF。

焢肉：是一道以五花肉为主食材的料理。

快煮｜将面饼和料包放入 500ml 沸水中煮约 3 分钟，拌匀即可食用。

食用方法 ◇◇◇◇

冲泡

❶ 面饼放入碗中，倒入粉包和油包，冲人 500ml 沸水，加盖静置。（此时可将调理包放在盖上加热。）❷ 3 分钟后，打开盖子，倒入调理包和香蒜金椒，拌匀后即可食用。

03

（ 01 ）

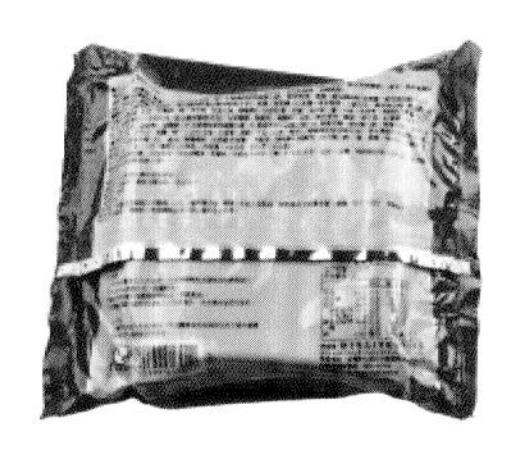

（ 02 ）

（ 03 ）

（ 04 ）

这款红烧牛肉面内附维力有名的香蒜金椒，网友称之为“神之酱料包”。之前维力为了减少消费者的钠含量摄取，曾将原本的 4 包调味料减少为 3 包，同时将面的分量增加，但是这一改变消费者却并不买账。香蒜金椒几乎成了一度赞的代名词，因为它的存在，能够带出整碗面的层次，也能够丰富泡面的层次。粉包中含有酱油调味粉、辣椒粉、沙茶粉、胡椒粉、脱水酸菜、青江菜、红萝卜、青葱等；油包中含有精制牛油、精制猪油、芝麻油、五香粉等；调理包中含有牛肉（原产地澳洲、新西兰）、大蒜酱等；香蒜金椒含有辣椒酱、精制猪油、精制棕榈油、芝麻油、大蒜酱、糖、豆瓣酱、食盐、柠檬酸、香料等。

台湾牛肉面在台湾美食里的地位很高，可以归为“怀旧面”，据说台式牛肉面是当年渡海来台的老兵因思念大陆家乡而发明的。牛肉面汇集了中华美食精华，有上海菜的红烧口味，也有广东菜的煲汤滋味，还有四川菜的辛辣味等。面里的牛肉一般会使用黄牛肉，但有些会选用新西兰或者澳洲牛肉，比如这款面就是选用新西兰以及澳洲牛肉，吃起来比较有嚼劲。

世界首款方便面的中国大陆版

始祖鸡汤拉面

这款拉面是首款方便面的更新版，整体采用橘黄色作为主色调，封面依旧沿用鸡汤拉面的名字，带有小鸡提示语：『拉面加简单，美味新享受』。背面则是常规的拉面信息，调味酱包中加入了鸡肉膏、酱油、生姜、蚝油、黄酒、洋葱、鸡油、大蒜等。调味粉中则加入了鸡粉、香菇粉、酸水解植物蛋白粉、生姜粉、大蒜粉和脱水干葱等。

WithEating! 吃优笔记：

1 从它的面饼来说，面条是偏软的油炸型，特别不耐煮，所以吃的时候泡一下即可，时间控制好，不然吸汁后特别容易膨胀。

2 汤头呈黄浊色，表面有一层厚厚的鸡油，喝起来很香，但喝到最后感觉太腻了。

3 料包有两个，一个酱包，一个粉包，粉包中含有干燥大葱、蒜粉、香菇粉等，都是一些和鸡油很配的提鲜食材。

4 综合来说，这款面放在以前很不错，但是现在的速食面种类太多，反而显得没什么特点了。油的味道很浓郁。

日清食品公司的创始人安藤百福于1958年发明了鸡汤拉面，开启了日本的方便面市场。1971年他又成功地将世界上第一款杯型方便面“开杯乐”引入市场。对于鸡汤拉面的发明理念，安藤百福提出了5个基本标准，即好吃、安全、方便、价格合理和能长期保存，另外还有3个原则，即“足够的食物能够促进世界和平”、“合理膳食能够促进美丽和健康”、“创造食物为社会服务”。日清在发明了方便面之后，便积极开展国外业务，1963年与韩国三养合作。1967年，与台湾的国际食品公司合作推出鸡汤口味的“生力面”，最初沿用日本配方，销量并不好，之后改进配方，在台湾大卖，以致“生力面”曾成为这类产品的代名词，但之后因经营不善，慢慢退出市场。虽然方便面在亚洲很受欢迎，但是在1960年代末期的美国却无法打开销路，因为美国人没有烧开水的习惯，且食器多用盘子，所以这就为日清发明杯面带来了契机。之后韩国农心引入日本杯面失败，于是推出了碗型包装的家庭装方便面，也由此营造了“非日本文化”的企业形象。

1964年，安藤百福成立了日本方便食品产业协会（JCFIA），对公平竞争、产品质量制定了知道标准，其中包括早期制定的日本农业标准资质和产品包装上标明生产日期，JCFIA于1997年成立了国际拉面制造商协会(IRMA)，目前IRMA由方便面主要制造商和一个行业组织构成，IRMA每两年举行一次峰会，旨在提高方便面质量，商讨环境和技术等问题。

安藤百福在日本大阪发明了世界上最早的方便面——鸡汤拉面，由此，方便面被誉为二十世纪最伟大的发明之一。鸡汤拉面在香港名为“日清伊面”，在内地则称为“日清始祖鸡汤拉面”。

03

(01)

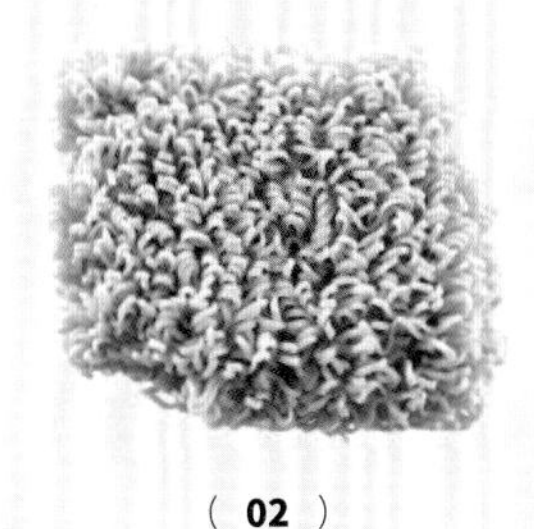

(02)

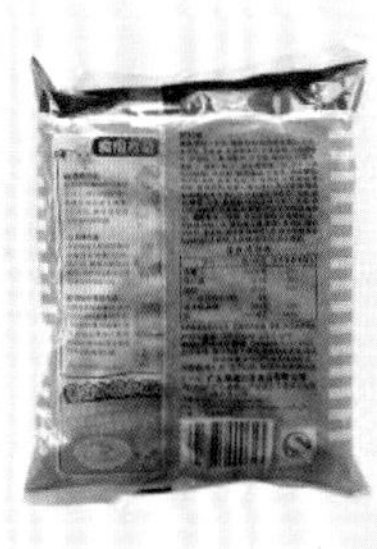

(03)

(04)

营养成分 × 热量消耗

- Per 106g
- 快走 1小时

热量 Energy	529kcal
蛋白质 Protein	11.3g
脂肪 Fat	28g
碳水化合物 Carbohydrates	57g

食用方法

❶ 面饼放入500ml沸水中煮约1分钟。❷ 关火后，倒入料包，拌匀即可食用。

TIP 另可泡食或者微波炉加热食用。

香港首款直面式炒面

大将炒面

营养成分 × 热量消耗

- Per 100g
- 跳绳 1小时

热量 Energy	431kcal
蛋白质 Protein	8g
脂肪 Fat	10.1g
碳水化合物 Carbohydrates	58.8g

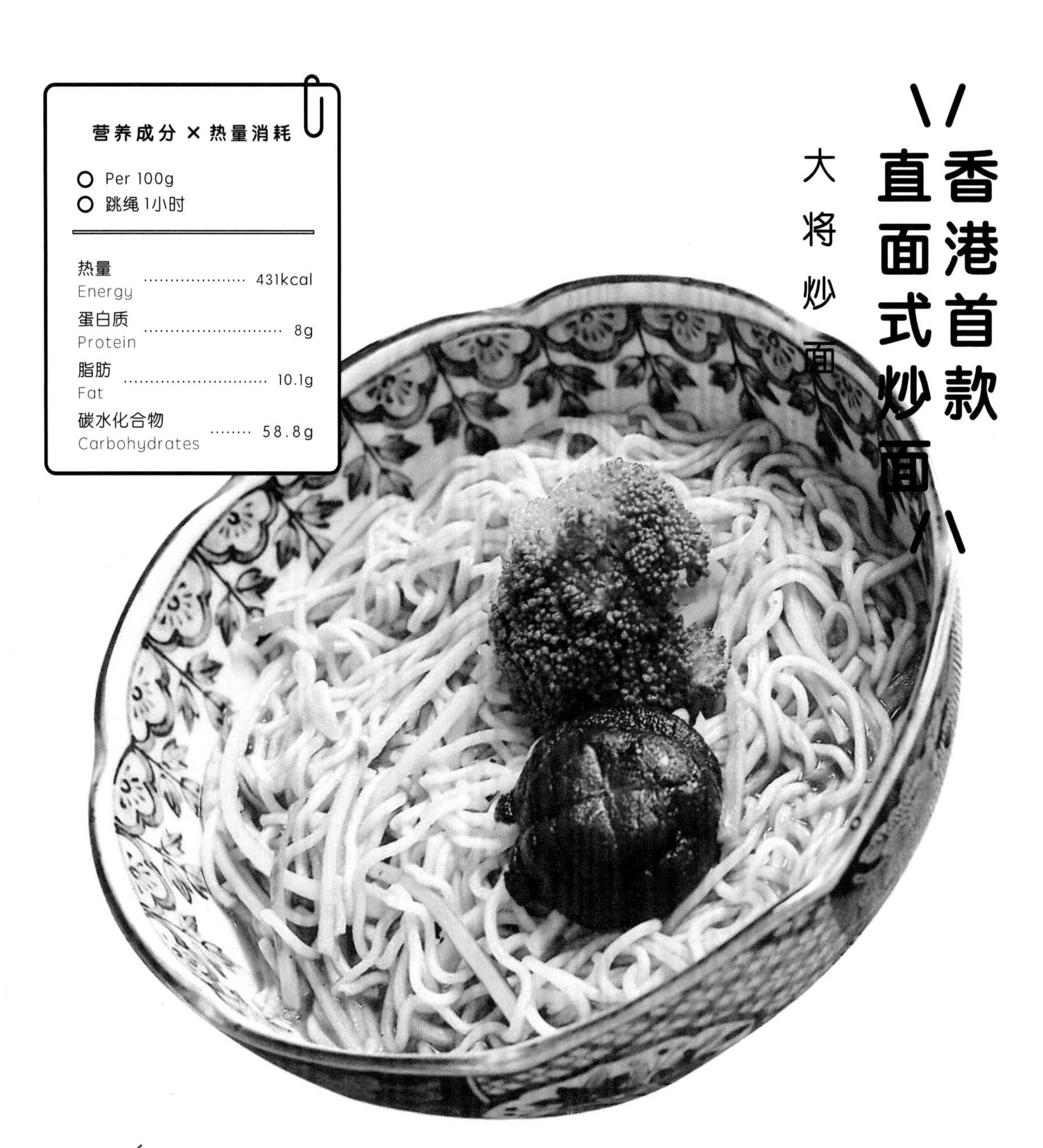

WithEating! 吃优笔记：

1 这款面在香港地区蛮火的，日清一直以来都很注重香港的市场，从出前一丁开始就在香港打下了坚实的“群众”基础。这款大将炒面算是比较新的一个系列，但是却受到很多人的欢迎。

2 这款面的面条采用的是直面式炒面，虽然很细但是吃起来还是蛮筋道的。

3 酱料很足，可以满满地裹在每一根面条上，想要更好吃，可以自己搭配一点简单的食材。

大将炒面是日本拉面品牌日清推出的一款速食炒面，口味主要分为：红袋炸酱味、黄袋麻酱味。两种口味都使用蚝、猪肉、鸡肉调味，炸酱味加入番茄酱、绍兴酒等丰富口感，麻酱味则使用了芝麻酱、大蒜粉和味噌酱。面条采用了日本独创的直面技术，是香港首款直面式炒面，不含反式脂肪。

炒面流行于中国大江南北，虽然都叫炒面，但是在做法和用料上却相差甚多。简单来说，一般分为炒面条和炒面粉。流行于广东、香港等地的炒面是豉油皇炒面，多作午餐食用，搭配清粥，味道偏重，色泽较深。热油爆香后倒入蔬菜，拌入面条，添加豉油等。

日清食品集团创立于1948年，总部位于东京新宿区（东京本社）和大阪府大阪市淀川区（大阪本社），由开发了世界最早的速食面（Chicken Ramen）的日籍台湾人安藤百福（原名吴百福）创办。安藤先生于1971年将世界上第一款杯面“Cup Noodle”（合味道）引入市场，即使到现在，日清合味道仍是畅销速食面。

目前由日清推出的速食面有：出前一丁、合味道、日清兵卫面、大将炒面、日清拉面王、日清春雨系列、印尼捞面、新意派（香港）、日清美味宝（香港）、公仔面（香港）、福字面（香港）等。其品牌在香港、广东和上海都有分部，根据各地饮食习惯的不同，会在原有的品牌基础上推出极具地方特色的泡面口味。

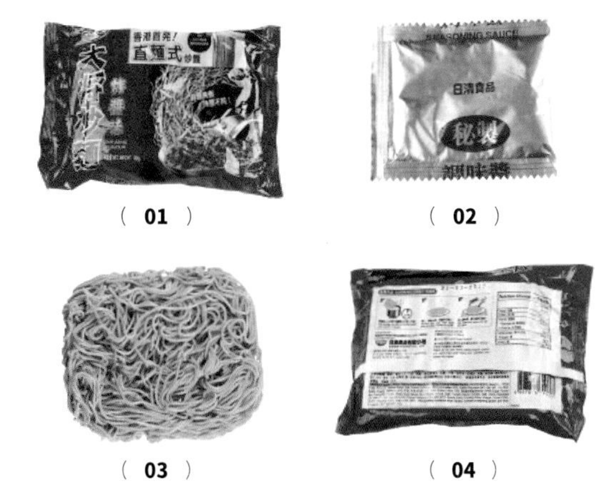

(01) (02) (03) (04)

食用方法

❶ 将面饼放入500ml沸水中煮约3分钟。❷ 熄火后，将面沥干水分，放入盘中，加入料包，拌匀即可。

03

豉油：类似于酱油，但是豉油是以大豆为主料，加入水、食盐，经过制曲和发酵等过程酿造而成的一种液体。

花雕做好了 也能做碗好面

花雕面

WithEating! 吃优笔记：

1 从它的面饼来说，属于细面，但是煮出来以后并不会软塌，口感还是很不错的。

2 从它的料包来说，里面一共有四包料，料理包中有大块鸡肉和高汤，但是鸡肉的口感一般，面吃起来比较柴；里面含有陈年花雕酒的料包，还是蛮惊喜的。

3 从它的汤头来说，味道确实比较不一样，有一点点甜味，也能闻到一点点酒味，有一种在喝广式高汤的感觉。

花雕系列面是由台湾烟酒公卖局（台湾烟酒公司的前身）推出的一款速食面，台湾烟酒公卖局简称『TTL』，它是台湾一家以生产、销售烟草与酒类为主的公司，其前身为台湾省烟酒公卖局，其历史可追溯至日据时期的台湾总督府专卖局，据 1991 年 7 月 1 日改制为『台湾烟酒股份有限公司』，台湾有名的长寿烟就是由公卖局推出的。

TIP 吃完这款面，注意不要酒驾哦。

营养成分 × 热量消耗

- Per 200g
- 快走1小时

热量 Energy	538kcal
蛋白质 Protein	19.8g
脂肪 Fat	24.4g
碳水化合物 Carbohydrates	59.8g

因为当年台酒生产的花雕酒滞销，于是就研发了以花雕为主打的一系列速食面，一经上市，出乎意料地火爆，甚至因为卖断货，而导致“台立委”的电话被打爆。

花雕系列面包括：花雕鸡面、花雕酸菜牛肉面（另有一款麻油鸡面，但不属花雕系列）。包装都是很有中式风格的设计，成品参考图中使用了红枣、当归、枸杞等，有一种药膳的感觉。料包中含有粉包、油包、料理包和花雕酒包，其中花雕酒包就是这款面的特色之一，据说是使用台湾埔里酒厂生产的 15年以上的花雕，让这款面的汤头独一无二。销售最好的花雕鸡面的料理包中含有大块鸡肉，每份都有6块，有严格的 GMP认证。另外这款面中使用的调料基本都是纯天然的，只有少量的人工添加剂，

花雕

绍兴黄酒中品质上等的酒，主要产自浙江绍兴一带，花雕酒酒性柔和，酒色橙黄清亮，酒香馥郁芬芳，酒味干香醇厚，除了饮用常会用来作为厨房调料。

埔里绍兴酒

台湾烟酒公卖局（台湾烟酒公司的前身）在台湾埔里酒厂酿造的绍兴酒，以花雕作为品牌名称。之后台湾烟酒公司延袭了这个品牌，令台湾的“花雕酒”仅为品名，而非等级。

麻油鸡面

台酒推出的三款面之一，使用15年以上的正宗红标米酒。

食用方法

❶ 面饼放入碗中，加入粉包和油包，冲入 500ml沸水，加盖静置，此时可以将料理包放到盖上，稍微加热。❷ 3分钟后，打开盖子，倒入料理包和酱包，拌匀即可。

快煮

❶ 面饼放入500ml沸水中煮约3分钟。❷ 出锅前倒入所有料包，充分拌匀即可盛出。

（ 01 ）

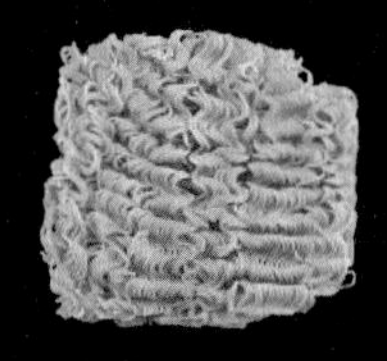

（ 02 ）

02

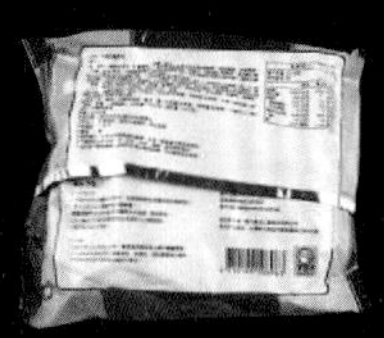

（ 03 ）

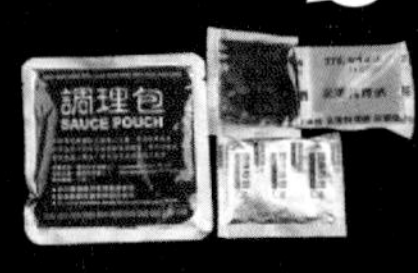

（ 04 ）

餐厅级速食意面

卡邦尼芝士烟肉派意面

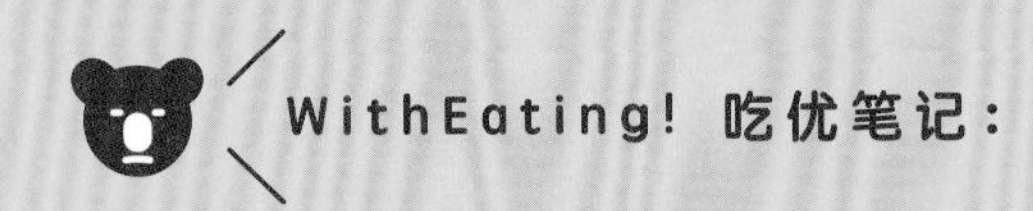

1 从它的面饼来说，还是速食面的口感，不像意面那种筋道，比较容易软塌。

2 从它的料包来说，虽然只有一包料，但是足以撑起整碗面的口感，芝士的香味非常浓郁，也能吃到干燥香草等，所以很满足。

3 从它的汤头来说，一定要煮到少汁黏稠，吃起来才会很棒，味道总体来说还是蛮正宗的。

新意派是日清推出的一款速食意面，主要在中国香港贩售。这款面分为袋装和杯装两种，其中袋装分为卡邦尼芝士烟肉味、白汁三文鱼味和拿破仑番茄味；杯装分为卡邦尼芝士烟肉味、香蒜白酒蚬肉味和意式番茄肉酱味。

新意派卡邦尼芝士烟肉派主打带有烟肉香味的芝士酱汁所带来的意式口味，是以卡邦尼意面作为灵感来源。卡邦尼意面（Carbonara）又叫培根蛋酱意大利面，起源于20世纪中叶的意大利罗马，常用蛋、奶酪（罗马洋乳酪或帕玛森干酪）、烟肉（风干猪面颊或意式腌肉）、黑胡椒、意大利面制作而成。

烟肉（Bacon）即为“培根”，是将猪胸肉或其他部位的肉熏制而成。

营养成分 × 热量消耗

- Per 94g
- 打网球1小时

热量 Energy		425kcal
蛋白质 Protein		8.5g
脂肪 Fat		8.1g
碳水化合物 Carbohydrates		58.6g

这款速食面的芝士粉使用的是车打芝士粉，料包中含有奶粉、洋葱粉、香菇粉、欧芹片、蛋黄粉、香草、大蒜等，因此最终的口味还是蛮接近正宗卡邦尼意面的，即使在家也能迅速吃到一碗餐厅级的意面。

车打芝士：又叫切达芝士，是英国索莫塞特郡车达地方产的一种硬质全脂牛乳芝士，主要分为黄车打（Yellow Cheddar）和蓝车打（英国 Blue Cheddar）。

02

（ 01 ）

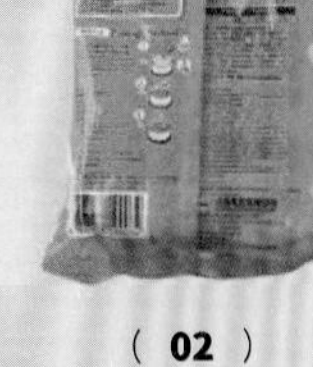

（ 02 ）

（ 03 ）

（ 04 ）

食用方法 ◇◇◇◇

❶ 将面饼放入 250ml 沸水中煮约 3 分钟。❷ 倒入料包，转至中火，不断搅拌至汤汁黏稠，关火后即可享用。

锅内倒入少许橄榄油，爆香1/3个洋葱碎和两片培根至软身，加入250ml白开水，待水开后放入面饼煮约3分钟，最后加入料包，简单翻炒后即可。

念香港，不如来碗福字米粉

福字上汤米粉

1 一打开就能闻到比较浓的香料味，其中黑胡椒的味道尤其重。粉饼属于超细的粉丝，泡出来口感不错，很爽滑，但是一定不能煮，因为很容易软塌。

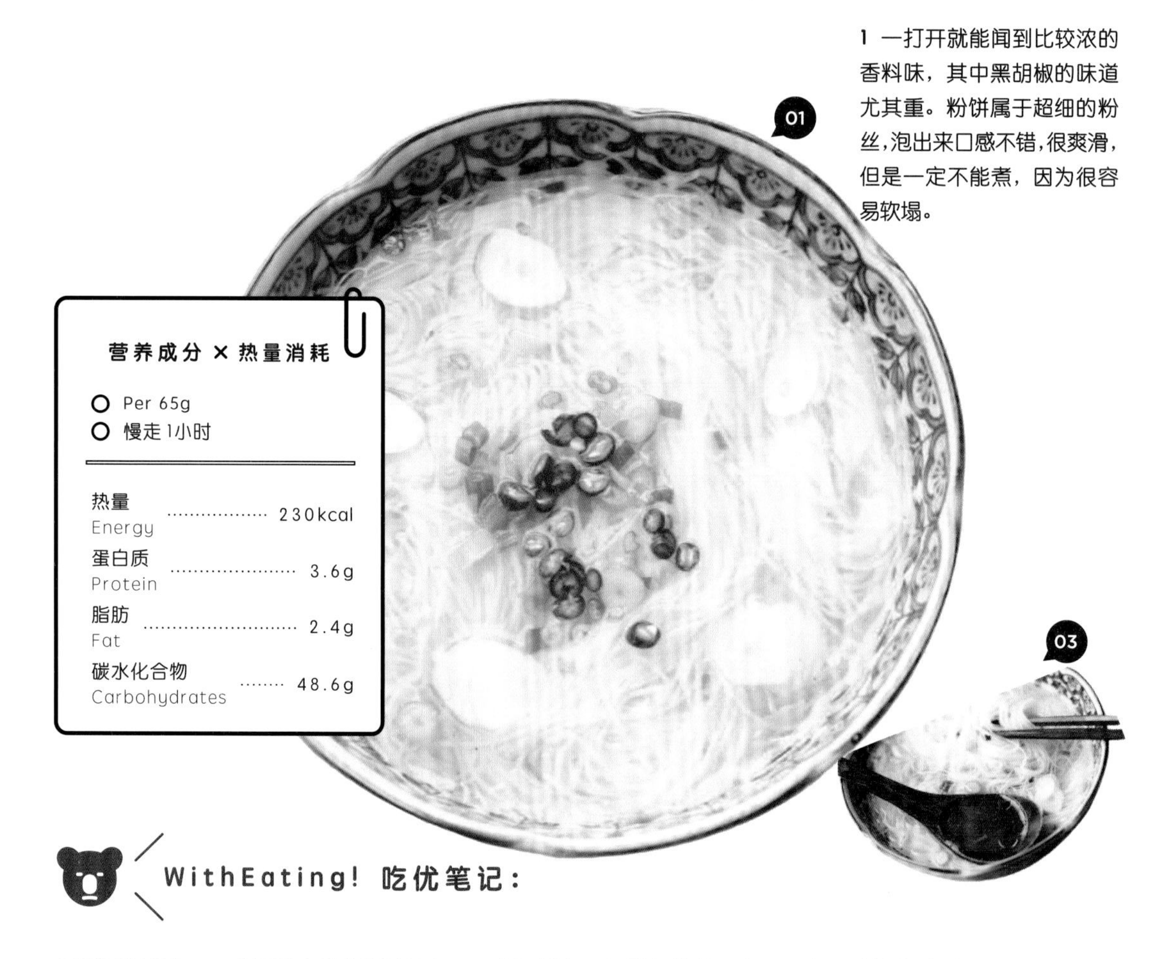

营养成分 × 热量消耗

- Per 65g
- 慢走1小时

热量 Energy	230kcal
蛋白质 Protein	3.6g
脂肪 Fat	2.4g
碳水化合物 Carbohydrates	48.6g

WithEating! 吃优笔记：

2 料包有两个，一个呈乳白色的调味油包，一个汤粉包，汤粉包的分量很足，但是味精的味道很重，可能是里面添加增味剂的原因。

3 汤汁薄而略浑浊，有少许油花浮于汤头表层，蒜粉、黑胡椒以及味精的味道很重，因为调味油中加入了芝麻油，所以吃起来也会有很香的味道，和店里的米粉还是比较接近的。

福字上汤米粉本是统一的福字系列速食面之一，之后福字系列被日清收购，成为其旗下产品。福字系列包含上汤伊面、鸡汤伊面、上汤米粉等，是香港有名的老牌速食面品牌。

上汤米粉的包装设计很简单，正面一个大的“福”字，即为“口福”的意思，这正是广告语中的“香港品牌，口福无限”。米粉主要使用了大米和水制作而成，包含一个汤粉和一个调味油，汤粉中加入了胡椒粉、大蒜粉提鲜，调味油中仅用了棕榈油和芝麻油。

米粉是中国特色小吃，尤其流行于南方地区，一般是使用大米作为原料制作而成，辅以各种配菜或汤料进行煮或干炒，米粉质地柔韧，相对其他粉丝类，更容易吸汁，且富有弹性，水煮不糊，干炒不易断。

关于米粉来源，有两种说法，其一是说米粉本为五胡乱华时期，民众避乱而产生的食物；其二则是汉人南迁，因念北方面条，而以大米取代小麦做成条状物。

福字上汤米粉在香港属怀旧面系，和公仔面、出前一丁的分量差不多。在香港的话，主要有辣味的星洲炒米和排粉等，是非常受欢迎的街头小吃，而福字上汤米粉则是很多茶餐厅会使用的材料，由此可见，它的味道其实可以作为香港经典美食了。

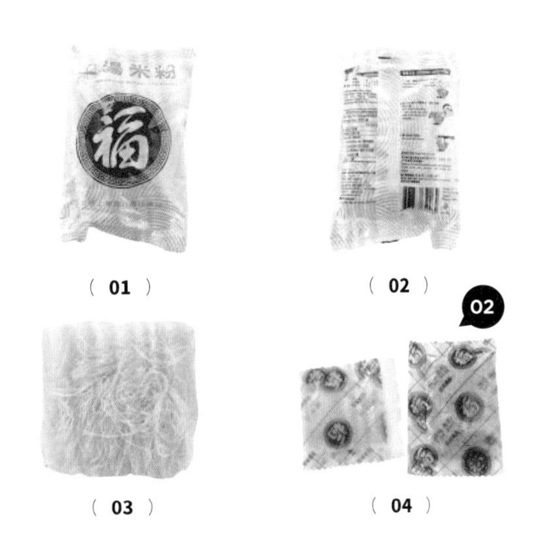

(01) (02) (03) (04)

食用方法 ◇◇◇◇

❶ 米粉、汤粉及调味料倒入碗中，冲入 500ml沸水，加盖后，静置 3分钟。❷ 拌匀后即可食用。

真实的番茄香气，第一口就是清爽

番茄干拌面

WithEating! 吃优笔记：

1 面饼的分量不是很大，闻上去番茄的味道很重，还能够摸到一些番茄干粉。煮的时候，能够闻到很浓的番茄味道，吃起来面体偏软，不是很有嚼劲，但是番茄的味道很清新，跟番茄酱的差别比较大，这种番茄香气更接近真正的番茄味道，带有一点辛辣、酸爽的感觉。

2 一个拌面料包，上面有写明“番茄荤食”，所以里面应该是加了一些肉丁，料包中还添加了番茄汤、鸡脂、洋葱粉、香油和罗勒叶等，其中罗勒叶是和番茄非常搭的一种香草。

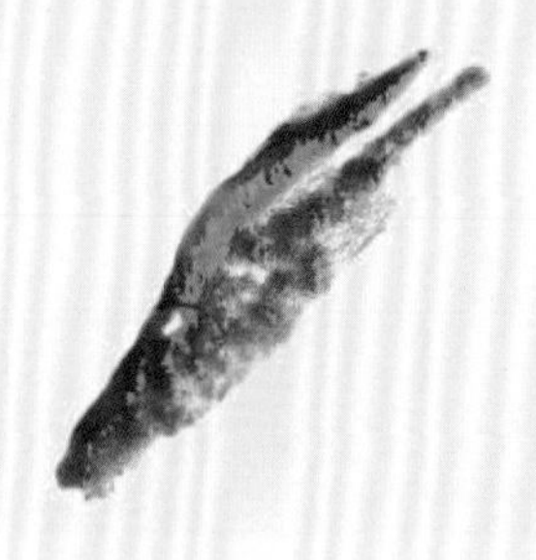

这款番茄干拌面是由台湾阿舍食堂推出的一款速食拌面，曾经上榜过 2015 年全球十大美味泡面，主打番茄风味。

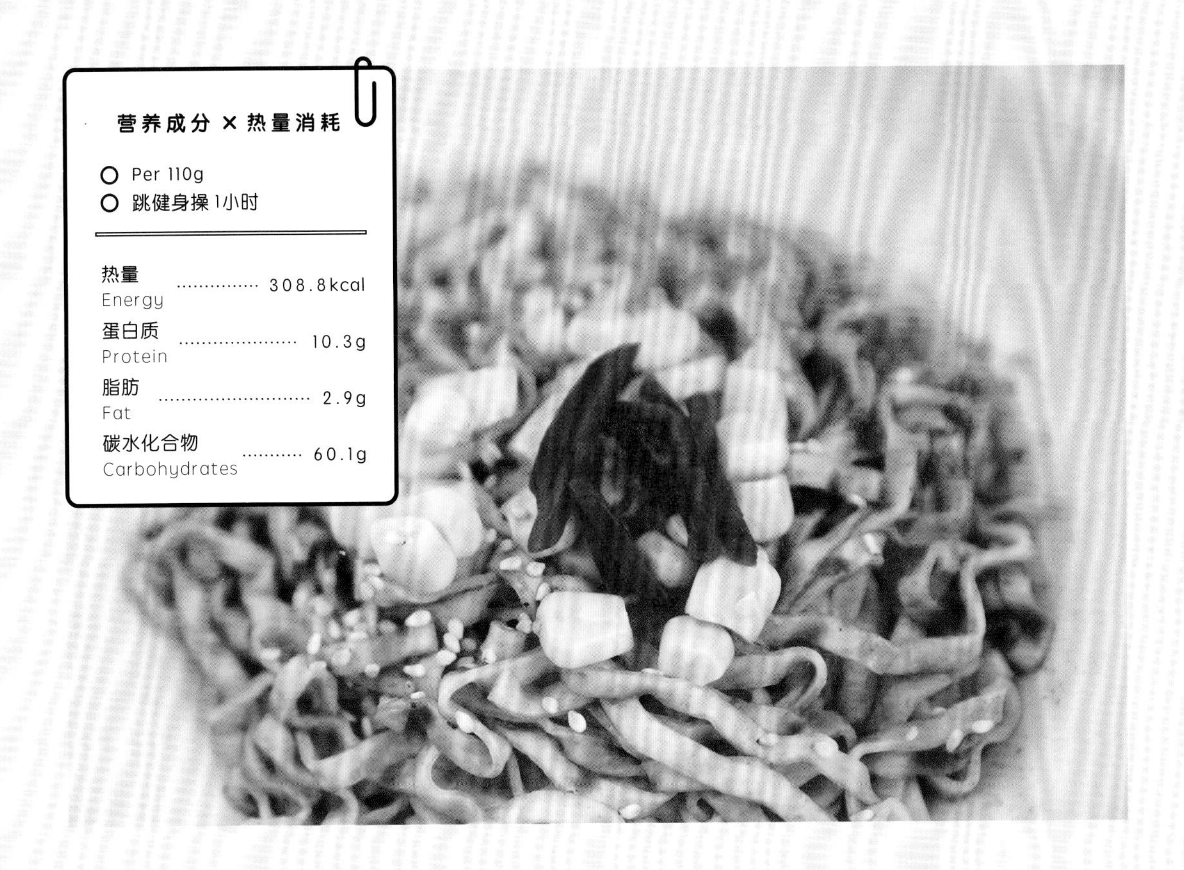

营养成分 × 热量消耗

- Per 110g
- 跳健身操 1小时

热量 Energy	308.8kcal
蛋白质 Protein	10.3g
脂肪 Fat	2.9g
碳水化合物 Carbohydrates	60.1g

阿舍食堂位于台湾南部，本是通过网络销售，2008 年时在网上爆红。它价格低廉，面饼和用料都很有特色，2009 年又因为获得购物网站的大奖，热销到下单之后半年到一年才能收到货。阿舍食堂的面食主要分为：台南干面、外省干面、客家粄条、麻油面线、浅色自然系干面、红藜炒面系列等，而这款番茄干拌面则属于浅色自然系干面。

这款面的面饼属于非油炸型，面粉中加入了番茄，新鲜的番茄有抗氧化的茄红素，吃起来不同于加工的番茄酱，味道更加自然清淡一些。另外，经过精心研制，阿舍做出了面条的“黄金比例”，利用不同的面体宽度产生四种经典口感：0.1cm 的麻油面线、0.2cm 的台南干面、0.5cm 的外省干面和 1cm 的客家粄条。酱料则使用了独家秘制的香菜番茄酱，既可以做汤面，也可以做拌面。

（ 01 ）

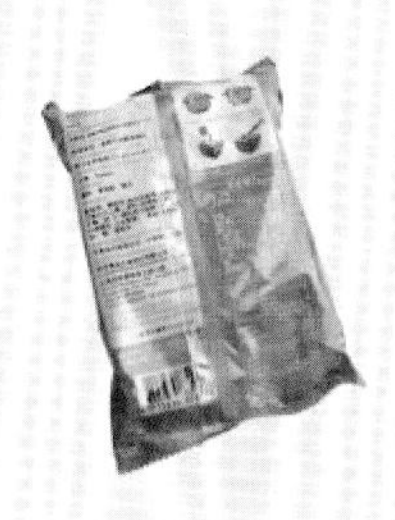

（ 02 ）

（ 03 ）

（ 04 ）

02

食用方法 ◇◇◇◇

❶ 将面饼放入沸水中煮约 4 分钟。❷ 煮好后，沥干水，拌入酱包即可。

堪比重庆火锅的一碗小面

重庆小面

1 这款速食化的重庆小面，有当地的朋友说仅仅在味道上有点像，整体上是不太正宗的。从面的软硬程度来说，是属于偏软的，刚泡完吃起来还可以，后面就会软塌，口感不好。

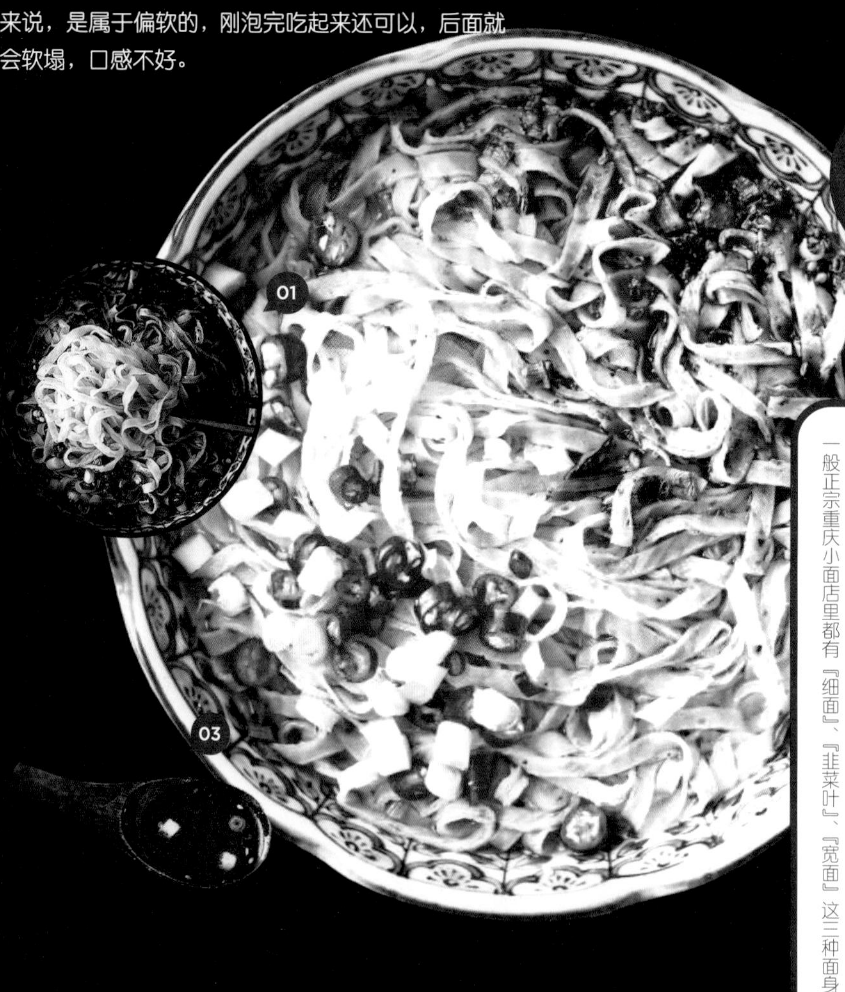

重庆小面是重庆特色美食之一，主要分为汤面和干熘两种类型，其中狭义的小面是指麻辣味的素面。可变化性是重庆小面的重要特色，各种材料的自由添加，形成了不同的口味：『干熘』少水干拌，指面煮好起锅后，要将水沥干后再放入酱料中；『提黄』则面条偏生硬，煮面的时候，只要面中的碱受热后，色稍一变即起锅；『宽面』指的是将面的酱料做好后，再掺入适量的汤汁；『白提』则是指面挑入不带任何酱料的碗中，吃的时候，另外加入汤汁；『重辣』则是多加油辣子；『带青』则是多加蔬菜……另外，一般正宗重庆小面店里都有『细面』、『韭菜叶』、『宽面』这三种面身。

2 料包中一般含有干燥蔬菜包和辣油包，辣油包摸起来就很油。

3 汤头以麻辣为主，因为麻辣是最能体现重庆饮食的一种口味，但是香味就不会很突出了，吃起来偏油腻。

(01)　(02)　(03)

食用方法 ◇◇◇◇

❶ 面饼、料包放入碗中，冲入 500ml 沸水，加盖后静置约 3 分钟，拌匀后即可食用。

重庆小面的主要调料是黄豆酱油，以重庆本地生产的酱油最为纯正，另需添加味精或者鸡精调味。重庆油辣子则是小面的重中之重，辣子的选料和制作都很讲究。最后还需添加花椒、猪油、花生碎及其他配菜，总的来说，一碗重庆小面的用料繁多，制作复杂，正宗的小面讲究过程和前后，哪一步错了都不行。

重庆小面的主要配菜有青菜叶、空心菜、豌豆尖、莴笋尖、菠菜等。

重庆地区的饮食讲究主次有序，虽然食材繁多，但是每一步都有要求，其中蕴含麻、辣、鲜、嫩、烫几种主要变化。如今重庆小面遍布全国，但是正宗与否就要另当别论了，各个面食品牌也将小面速食化，由此，重庆小面获得了更好的传播。

检索页

P

Q

R

S

T

W

X

Y

Z

图书在版编目（CIP）数据

孤独的泡面 / 食帖番组 主编．— 桂林：
广西师范大学出版社，2017.1
ISBN 978-7-5495-6943-4

Ⅰ．①孤… Ⅱ．①食… Ⅲ．①方便面
Ⅳ．① TS217.1

中国版本图书馆 CIP数据核字（2017）第 003579号

广西师范大学出版社出版发行
（桂林市中华路 22号邮政编码：541001）
网址：www.bbtpress.com

出 版 人：张艺兵
责任编辑：苏本
装帧设计：Pt设计工作室

全国新华书店经销
发行热线：010-64284815
天津市银博印刷集团有限公司

开本：787mm×1092mm 1/16
印张：13.5 字数：80千字
2017年 1月第 1版 2017年 1月第 1次印刷
定价：69.00元